U0010130

鯊魚——

稱霸七大海洋的美麗獵食者

優游在密克羅尼西亞大海的黑尾真鯊（*Carcharhinus amblyrhynchos*）群。

最近市面上有愈來愈多鯊魚相關圖鑑。

距今四十多年前，一九七六年二月鯊魚研究第一把交椅谷內透教授出版了《鮫 the SHARKS》圖鑑。當時日本剛上映經典恐怖電影《大白鯊》，許多日本人對於鯊魚的印象就是凶猛的反派，但這本書如實呈現鯊魚的真實樣貌。

時至今日，只要海水浴場附近出現小型鯊魚的身影，業者就會立刻貼出禁止游泳的告示。究竟這四十多年來，人們對於鯊魚的印象有何改變？

如果一般民眾接觸不到與鯊魚有關的資訊，他們對於鯊魚的印象不會有任何改變。近年來許多出版社紛紛出版相關書籍，這對於讓一般民眾了解鯊魚真實樣貌有很大的幫助。

事實上，鯊魚有很多種，不只是《大白鯊》裡登場的恐怖噬人鯊，還包括所有魚類中體型最大的鯨鯊（Rhincodon typus）、利用胸鰭和腹鰭做出步行動作的肩章鯊（Hemiscyllium ocellatum）、水族館裡常見的寬紋虎鯊（Heterodontus japonicus），亦即日本異齒鮫、透著卵殼即可看到幼魚的陰影絨毛鯊（Cephaloscyllium umbratile）、頭型宛如敲鐘棒的紅肉丫髻鮫（Sphyrna lewini）等，全世界共有五百多種鯊魚。

牠們棲息在沿海的表層帶到外海的深海區各處，有時也會出現在河口的汽水區到淡水區一帶。鯊魚不僅生存環境多樣，外觀也不盡相同。尖吻鯖鯊（Isurus oxyrinchus）擁有流線外觀，適合高速游泳；長尾鯊（Alopias vulpinus）

頭部探出水面，露出鋒利牙齒的大白鯊。　　　　　　　　　空腹的鼬鯊緊咬著金屬板不放。

　　尾鰭約占身體一半的長度；日本扁鯊（*Squatina japonica*）身體扁平，長得很像鰩魚；皺鰓鯊（*Chlamydoselachus anguineus*）只有一個背鰭，外型近似鰻魚；歐氏荊鯊（*Centroscymnus owstonii*）棲息在暗無天日的深海，全身一片漆黑……因應棲息海域的特性，鯊魚發展出完全不同的外觀。牠們的棲息場域、形態與生態來自地球環境的變化與漫長的演化過程。

　　對生物來說，最大的課題就是「如何生存、如何繁衍後代」，才能逃過絕種命運且在地球生存下來。「獵食與被獵食的關係」是大自然定律，想要生存下來，就必須找到食物，還要避免自己成為其他動物的食物。

　　不過，光靠如此還是無法延續生命。跟鯊魚一樣進行有性生殖的生物，理論上只要至少保有一個雄性與雌性個體就能繁衍後代。遺憾的是，自然界的定律有時候無法盡如人願。為了生存，生物必須生下最強大的後代，或產下許多卵，盡可能留下子孫。

　　本書在 Chapter 1〈鯊魚圖鑑〉中，聚焦鯊魚的獵食技巧和食物，從現存約五百種鯊魚中，選出六十六種鯊魚詳細解說。

　　近年來隨著水中拍攝、潛水和飼育觀察日益頻繁，我們得以揭開鯊魚捕食的神祕面紗。在伸手不見五指的深海中，一隻龐然大物藉著黑暗全速前進攻擊海中生物，或高速衝入魚群捕食的畫面，讓我們稍稍窺探了在「獵食與被獵食」關係中，生死一刻的攻防場面。「吃」是一種本能行為，這個行為深深反映出各種生態的特性。

　　此外，從牙齒形狀也能看出鯊魚吃何種食物。不同種的鯊魚牙齒各有特色，包括尖利狀、細針狀與臼齒狀等。圖鑑也附註各個鯊魚的牙齒形狀，各位不妨閱讀時一邊想像該鯊魚的餌食，說不定就能聯想出鯊魚獵食的畫面。

　　誠如先前所說，全世界的鯊魚約有

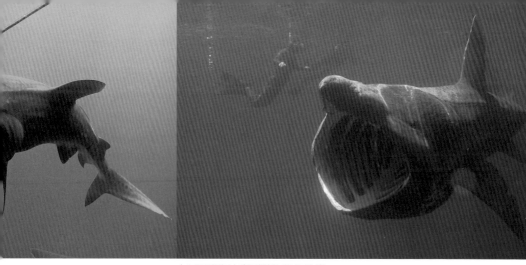

大口喝進海水與浮游生物的姥鯊。

五百種，Chapter 2〈鯊魚學〉以大白鯊為主，介紹不可不知的鯊魚小知識。

　　包括鯊魚如何分類？鯊魚的身體有哪些構造？鯊魚是從什麼時代出現的？這些知識有助於我們了解鯊魚分類體系與類緣關係。此外，若想了解鯊魚生態，請參考食性、行動、棲息場域、天敵、繁殖、壽命等項目。鯊魚在食物鏈中屬於高端獵食者，捕食位階比牠低的生物。遭到捕食的生物是該生物群中最弱的個體。弱肉強食是自然界的定律，即使是人類聞風喪膽的大白鯊，在大自然中也不過是渺小的存在，卻是維持海洋生態系統最重要的一環。各位只要讀

正在攝餌的鯨鯊，發揮強勁吸力，吸入大量海水，同時捕食浮游生物。

完第二章就能理解這一點。

　　地球素有水行星之稱，地球表面有百分之七十一覆蓋著海洋。海中有各式各樣的環境，棲息著多達八百七十萬種多樣化生物。

　　另一方面，如今每年約有四萬種生物受到人類行為影響導致滅絕。鯊魚不僅是人類獵捕的對象，有些時候即使不是主要對象，也會在捕撈其他魚類時不小心誤捕。根據調查報告，全世界每年被捕撈的鯊魚高達八十萬噸。鯊魚全身

上下皆可食用，無論是肉、皮、骨或肝臟都能利用。尤其魚翅是中華料理不可或缺的食材，市場價格相當高。

　　話說回來，許多漁夫只取鯊魚的魚鰭，取完魚鰭後便將身體其他部分丟進海裡，產生資源浪費的問題。根據二〇一五年國際自然保護聯盟（IUCN）出版的「瀕危物種紅色名錄（Red List）」，列入極危類 CR（在不久將來絕種危險性相當高／日本環境省・滅絕危險 IA 類）的鯊魚多達十種。而被列入在不久將來絕種危險性高的瀕危類

大白鯊躍出海面獵食海狗。位於南非賽門鎮福爾斯灣的錫爾島，棲息著一群海狗。大白鯊時常出沒這座島嶼周邊獵捕海狗，因此經常可見其躍出海面的英姿。

EN（日本環境省・滅絕危險 IB 類）鯊魚有十四種。鯊魚不僅個性凶猛，腦袋也很聰明，力量又很強大，是一種充滿魅力的動物。雖說身邊有這樣的動物出沒令人感到恐懼，但換個角度想，有鯊魚棲息代表身邊的自然環境十分健全。

　　地球有各式各樣的生物棲息，不是七十三億人類專屬的行星。多樣化的生物給予人類許多恩惠，包括糧食、物資，或藥物原料等的直接受惠，以及淨化或調節環境、維持生態系等文化層面

上的間接受惠。關注某個動物族群，例如鯊魚，了解這些動物的習性，有助於我們了解地球與人類。這本書描述的是位於自然界定律「食物鏈」中高端階級的鯊魚本性，衷心希望各位看完本書後有所收穫。

二〇一五年十二月　寫於暖冬的清水

田中　彰

審定序

讓時光回溯到大約三十五年前的一九八○年代，那是我剛踏入軟骨魚類（包含鯊魚和魟魚）研究領域的時候，一次野外採樣工作進行中所發生的一件事直到今天依然讓我記憶猶新。地點就在南方澳漁港的漁獲拍賣市場，當時我們幾個研究生正埋頭進行鯊魚脊椎骨取樣工作的當下，一個看來接近學齡年紀的小男生從魚市場另一端的遠處飛奔進入，一邊喊著：「阿公…鯊魚耶！快來看！」幾乎就在這同時阿公急忙叫著：「憨孫啊！慢慢走啦，魚市場很滑小心摔跤了！」當爺孫倆人走近的時候，阿公再度開口說：「憨孫啊！這不是鯊魚呀，是旗魚才對，是我們吃沙西米那種旗魚啦！」這時我抬頭微笑看著他們爺孫倆，然後再回頭瀏覽一下魚市場周遭，心裡頭驚覺一件不可思議的事情就發生在我眼前，那就是這個爺爺竟然將鯊魚誤認為旗魚，因為我很確定當天整個魚市場根本沒有旗魚出現。三十五年後的今天我想居住在台灣這個島嶼的人大概不至於旗魚、鯊魚不分吧！不過話說回來，你又對鯊魚了解多少呢？

鯊（沙）魚，古稱鮫魚，亦名珠鮫。台灣稱「鯊」或「鮫」，大陸則通稱「鯊」，如 Great White Shark（*Carcharodon carcharias*），台灣稱之為大白鯊或食人鮫，大陸則稱噬人鯊；Blue shark（*Prionace glauca*），台灣稱之為水鯊或鋸鋒齒鮫，大陸則稱大青鯊。西洋人稱鯊魚為「Shark」，其發音與「Shock」同，因此總給人毛骨悚然的負面感覺，無獨有偶的是，在中文的發音裡「鯊」與「殺」同音，此更增添了不祥之感。或許是因為「Shock」或「殺」吧！再加上對牠的瞭解十分有限，因此世人對於鯊魚的觀感長期以來一直是負面的，這種負面情緒至一系列大白鯊電影上映後達到了最高點。隨後由於投入鯊魚研究的學者增多，人們才對鯊魚有了更進一步的瞭解。

在我投入學術研究的三十五年來，軟骨魚類研究成了我一輩子的工作，也在大學裡教起了「軟骨魚類學」的課，而這門課受歡迎的程度更是出乎我意料之外，顯見軟骨魚類這類生物總能引起大家的興趣。為了準備上課的教材我幾乎找遍有關介紹鯊魚的書籍，舉凡分類的、生物學相關的、生態行為相關的、漁業的全都在蒐集範圍之內，這其實是件苦差事，長期以來我一直無法找到一本資料齊全的書適合拿來當所謂的教科書，提供學生閱讀的參考。這本書的出版看來恰好足以解決這個難題，它的內容不僅具備學術性的嚴謹，又兼具通俗與實用性，我想不論您是否如我一般是個專業的研究人員，抑或是想要進一步了解鯊魚這類讓人敬畏的野生動物的學生，甚至是路人甲，這本書肯定值得您擁有。

莊守正

國立台灣海洋大學環境生物與漁業科學學系　教授
二〇一八年三月二十二日

目錄

Column

本書閱讀方法

Chapter1
鯊魚圖鑑
稱霸大海的六十六種獵食者

從超過五百種鯊魚中,選出六十六種最具代表性的鯊魚,搭配生動照片詳細解說鯊魚生態。

齒型
搭配插圖解說鯊魚的牙齒特性,一目了然鯊魚牙齒的功用!

大青鯊
Blue Shark

身軀細長
最適合洄游大海的長泳高手

【盖術堂堂】
大青鯊有長長的頭部與細長的流線身體,可成長至 3 公尺左右。鮮豔的藍色身體在水中十分美麗,絕不會有諮。儘管身體細長但卻原音,其實抱壽

的尾鰭划水,快速往前推進。

受惠於特有的游泳姿勢,大青鯊在分布海域可顧著海流進行大洄游。目前已經證實,在紐約近海捕獲的大青鯊花十六個月從紐約游到巴西,全長 6000 公里左右。根據一項利用發訊器進行的調查,大青鯊最長可以游一萬六千公里。

分布在大西洋的雌性大青鯊,與分布在北美海域的雄性大青鯊交配後,會往東橫渡大西洋,游到歐洲附近生產再南下,往西橫渡大西洋。

在鯊魚族群中,大青鯊的交配過程相當激烈。交配時雄鯊會緊咬著雌鯊,由於這強硬故,雌鯊的皮膚比雄鯊厚三倍。

攻擊人類,在海裡遇見牠時要特別謹慎。

大青鯊擁有彈性十足的軟骨脊椎,可迅速彎曲身體或轉向,利用強而有力

大青鯊完整情報 File

大青鯊完整情報 File	
目 名	真鯊目
科 名	真鯊科
學 名	Prionace glauca
分 布	分布於太平洋、印度洋、大西洋的熱帶與亞寒帶海域,以及日本近海海域。
棲息海域	主要棲息於大陸棚外的外海表層帶,可潛入水深350m處。偶爾會進入沿岸或近海。
生殖方法	胎生(母體營養胎生、胎盤型)
體型大小	最大約 3.8 m
大小比較圖	

Eating Data

【食物】
硬骨魚類、花枝等。

【攝食策略】
主要採取集體獵食行動,突擊時會利用帶有鋸齒邊緣的三角形上顎尖牙,與細長形下顎捕捉獵物。

鯊魚簡介
以淺顯易懂的方式解說六十六種鯊魚,千萬別錯過每種鯊魚不同的生態特性!

Eating Data
獵食是最能發揮鯊魚本能的主題,介紹主要食物和獵食策略。了解鯊魚為了生存演化出來的獵食方法!

鯊魚的基本資料
清楚表列各種鯊魚的分布與棲息海域、生殖方法、體型大小等資訊。

Chapter2
鯊魚學
從大白鯊解讀鯊魚生態

大白鯊是位居魚類食物鏈最高端
的生物，從大白鯊的生態探索鯊
魚擁有的驚人能力，和意想不到
的生態特性。

本文
詳細解說鯊魚生態。詳讀內
文即可充分掌握鯊魚的基礎
知識。

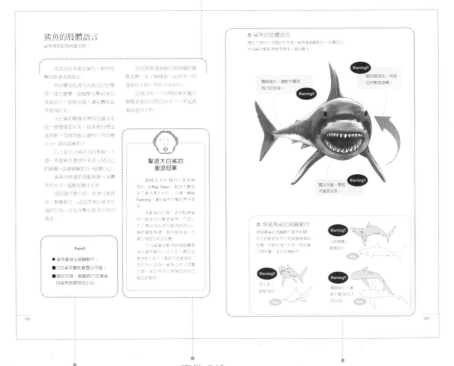

鯊魚的肢體語言

Point!
- 鯊魚會發出警嚇動作。
- 大白鯊攻擊前會露出牙齒。
- 遇到弓背、胸鰭朝下的真鯊目鯊魚時要特別小心。

擊退大白鯊的衝浪冠軍

○ 鯊魚的肢體語言

○ 黑尾真鯊的威嚇動作

Point!
從各項目內列舉三項
要點，五秒掌握鯊魚
特性！

事件 File
從過去發生的鯊魚攻
擊事件，深入介紹與
生態有關的案例。

圖示解說
刊載與各項目有關的
圖示，從視覺層面解
說鯊魚生態。

Chapter 1

鯊魚圖鑑
稱霸大海的六十六種獵食者

大白鯊
Great white shark

大白鯊的牙齒

大白鯊完整情報 File

目　　名	鼠鯊目
科　　名	鼠鯊科
學　　名	*Carcharodon carcharias*
分　　布	太平洋、印度洋、大西洋的亞熱帶到亞寒帶、溫帶與寒冷水域、地中海，以及日本各地海域。
棲息海域	棲息於近海表層帶，也會出沒在海岸線附近、海中島嶼周圍。此外，有時也會潛入水深超過 500m 處。
生殖方法	胎生（母體營養生殖・食卵性）
體型大小	最大約 6m

大小比較圖

難以想像龐大身軀的敏捷度與全方位攻擊力，
可謂鯊魚界最強殺手

| 大白鯊簡介 |

　　一九七五年上映的電影《大白鯊》描述龐大鯊魚攻擊人類的種種情節，可說是驚悚電影的極致經典。片中出現的大型噬人鯊就是以大白鯊為原型創作的。

　　大白鯊全長約 4～5 公尺，目前已知最大可長到 5.5～6 公尺。儘管體型龐大，動作卻很敏捷。

　　一般人對大白鯊最深刻的印象是捕食獵物時，抬起尖吻（位於嘴巴前方、往前突的部分）、張開大嘴的模樣。

　　口腔內排列著上下兩排尖銳的三角形牙齒，每顆牙齒最大可達 5 公分左右。牙齒呈鋸齒狀邊緣，只要咬住獵物就能深深刺進肉裡。接著大白鯊左右搖晃頭部，撕開獵物的肉。

　　電影中不斷出現大白鯊獵食的行為與畫面，加深人們一想到大白鯊就認為是食人鯊的印象。事實上，大白鯊很少吃人。

　　大白鯊吃的食物很廣泛，包括哺乳類和魚類在內。不過，牠們偏好海豹與海獅等鰭足類動物，因此許多研究學者指出，牠們很可能將人類誤認為是鰭足類動物，才會發生攻擊人類的意外事件。

Eating Data

【食物】
海豹、海獅等哺乳類、硬骨魚類、軟骨魚類、海鳥、花枝‧章魚類、甲殼類等。

【獵食策略】
如果是大型獵物，大白鯊會先張開大嘴用力咬住後放開，待其失血過多，體力衰退再吃掉。如果是小型獵物，大白鯊會迅速嚼碎吃掉。

大白鯊可說是魚類最強的攻擊手，也是海中霸王。平均移動速度為時速 3.2km，最快時速可達 25～35km 左右。

特有的獵食策略與謎樣的生殖型態

大白鯊捕食獵物時，先朝獵物水平游去，接著採取緊咬、在周圍環繞或先用身體衝撞再咬住等不同策略。其他鯊魚也會採取這些策略，但大白鯊獵食策略的獨特之處，在於牠會潛入海底，配合獵物的舉動往上游，再從下方迅速咬住獵物。我們經常看見大白鯊咬住獵物，躍出海面的華麗姿態。不過，這華麗的一擊之後，大白鯊不會急著吃掉獵物，而是會放掉獵物，等獵物無力回擊再吃。這就是大白鯊獨樹一格的獵食策略。

儘管大白鯊如今已是人類賞鯊團的欣賞標的之一，人類經常目擊其獵食的英姿，但對其生態仍有許多未解之謎。近年來拜最新科技所賜，人類得以鎖定大白鯊的棲息海域和行動範圍，不過，尚未釐清繁殖等相關細節。

此外，由於大白鯊經常遭到人類意外撈捕（混獲），數量逐年遞減，已被列入瀕危物種紅色名錄，面臨生存危機。

若說大白鯊遭遇來自於人類的危險，遠超過人類害怕大白鯊的程度，一點也不為過。

鯊魚電影

銀幕上的鯊魚讓我們感受到逼真的恐懼體驗

說到鯊魚電影，各位最先想到的一定是由史蒂芬 · 史匹柏執導，描述大型食人鯊攻擊人類，人類與其拚死搏鬥的經典電影《大白鯊》（JAWS）。

巧妙的劇情安排讓人一步步感受到鯊魚襲來的恐懼氣氛，加上奮勇的男性角色跳出來與鯊魚搏鬥，充分展現人性真實的一面。一九七五年一上映，便在全球創下驚人的賣座佳績。

此外，還有描述人類將鯊魚拿來做動物實驗，利用 DNA 技術使鯊魚具有高度智慧，最後卻遭到鯊魚反噬的《水深火熱》（Deep Blue Sea）。以及根據真實故事改編，使用真的鯊魚進行拍攝，逼真演出讓觀眾嚇破膽的《顫慄汪洋二十二小時》（Open Water）等。事實上，不少鯊魚電影都很出色。

由潔西卡 · 艾芭主演，描述大毒梟想找回沉入海底的寶物（毒品），因而追捕一群潛水客的《深海尋寶》（Into the Blue）也是

震撼世界的
鯊魚電影

《大白鯊》
（DVD）
一九七五年上映
販售商：Geneon Universal

知名的鯊魚電影。棲息在劇中海域附近的魟鯊更是不可或缺的配
角。

　　若說以上都是正統的鯊魚電影，以下則是具有「獨特色彩」的
鯊魚電影。

　　《奪命雙頭鯊》（2-Headed Shark Attack）以一尾發狂的雙
頭鯊魚為主角；《八爪狂鯊》（Sharktopus）描述一尾上半身為鯊
魚、下半身為章魚的變種怪物攻擊人類；《風飛鯊》（Sharknado）
的劇情則是一場龍捲風將鯊魚捲上市區作亂，瘋狂襲擊人類。還有
許多另類的鯊魚電影無法一一細數。

　　有些電影以逼真的鯊魚攻擊行為令人不寒而慄，有的則是以出
乎意料的設定令人捧腹大笑。鯊魚可說是最適合躍身銀幕主角的重
量級動物。

《瘋狂食人鯊》
（Sand Sharks）
（DVD）
二〇一二年上映
販售商：松竹

《風飛鯊》
（DVD）
二〇一四年上映
販售商：ALBATROS

尖吻鯖鯊
Shortfin mako shark

流線身形與高體溫是快速的祕密！
暢遊大海的疾速明星

尖吻鯖鯊簡介

在為數眾多的鯊魚族群中，尖吻鯖鯊是游得最快的鯊魚。一般分布在熱帶到溫帶的沿海到外洋一帶，不過，不會游入沿岸的淺灘，因此很少與人類正面交鋒。

尖吻鯖鯊具有流線體型，游泳時水的阻力較小，起步加速也很快，最高時速可達 40 公里。

尖吻鯖鯊的身體具有保溫能力，這一點在魚類身上相當罕見，也是其游泳

速度較快的原因。

尖吻鯖鯊屬於鼠鯊目，鼠鯊目鯊魚的身體局部覆蓋著微血管，稱為「奇網」。奇網可維持體溫，比周圍水溫高出至少攝氏十度。

由於這個原因，尖吻鯖鯊可以靈活地運用肌肉。

此外，尖吻鯖鯊的奇網十分發達，不只覆蓋肌肉，也遍布腦部、眼睛和內臟。

尖吻鯖鯊善用與生俱來的身體能力和又細又尖的「細針狀牙齒（請參照 P.173）」，偶爾也會攻擊與自己體型相當的劍旗魚。好戰性格使其成為游釣運動最受歡迎的標的。

大家都知道尖吻鯖鯊會進行長距離洄游，有研究報告指出，最驚人的紀錄是在三十七天內洄游 2130 公里左右。

尖吻鯖鯊完整情報 File

目　名	鼠鯊目
科　名	鼠鯊科
學　名	*Isurus oxyrinchus*
分　布	太平洋、印度洋、大西洋的熱帶到溫帶海域、地中海。日本分布在青森以南的太平洋與日本海。水溫 15 ～ 22 度，特別偏好 17 度以上海域。
棲息海域	近海到外洋的表層帶至水深 500m 處海域。
生殖方法	胎生（母體營養生殖・食卵性）
體型大小	最大超過 4m
大小比較圖	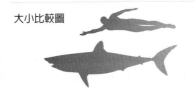

Eating Data

【食物】
鮪魚、花鰹、烏魴等魚類、頭足類、海豚等哺乳類。

【獵食策略】
以時速 40km 的速度接近獵物，再以又細又尖的「細針狀牙齒」咬住獵物。

姥鯊
Basking shark

曾被誤認爲未確認生物！
媲美大型鱸魚的超巨型鯊魚

| 姥鯊簡介 |

姥鯊是一種全長可達 10 公尺左右的大型魚類，從同樣是鼠鯊目的大白鯊和尖吻鯖鯊生態來看，外界可能會以爲牠是令人聞風喪膽的食人鯊。事實上，姥鯊只吃浮游生物。

姥鯊沒有咀嚼所需的牙齒，通常牠會張著大嘴，以時速 3.7 公里的速度優游於海中，飲進大量海水，再透過鰓耙（呈梳子狀凹凸的過濾器官）過濾，捕食海中的浮游生物。

姥鯊的牙齒

雖然姥鯊不會危害人類，但過去曾因濫捕而面臨絕種危機，數量銳減。姥鯊的肝臟很大，約占體重的四分之一，不只使姥鯊具有中性浮力（既不會下沉也不會浮起的狀態），也富含油脂。這種油的用途很廣，可做成引擎潤滑油、維他命輔助食品或美容保養用保濕劑。

儘管姥鯊的商業價值很高，其生態仍然是一個謎。尤其是與繁殖有關的部分，人類了解得並不多。學者認為胎生的可能性相當高，但至今依舊無法觀察到姥鯊的胎兒。

有趣的是，姥鯊也曾激發人類的想像力。一九八七年，有人發現一具已經腐敗且沒有下顎的姥鯊屍體，因外型神似蛇頸龍，被列入未確認動物，取名為「新尼斯」。在當時造成一陣騷動。

姥鯊完整情報 File

目　名	鼠鯊目	
科　名	象鮫科	
學　名	*Cetorhinus maximus*	
分　布	除了熱帶與亞熱帶海域之外，分布在太平洋、印度洋、大西洋和地中海。日本所有海域也可看見其蹤影。	
棲息海域	沿岸到近海的表層帶。	
生殖方法	胎生（母體營養生殖 · 食卵性）	
體型大小	最大超過 10m	

大小比較圖

Eating Data

【食物】
浮游生物等浮游性無脊椎動物。

【獵食策略】
張開大嘴在海底遨遊，喝進大量海水，過濾浮游生物食用，再從大鰓裂排出海水。

太平洋鼠鯊

Salmon shark

在冰冷海水仍可全速前進的武林高手

| 太平洋鼠鯊簡介

太平洋鼠鯊的臉上有一對沒有瞬膜（保護眼球的薄膜）、又大又圓的眼睛和短吻，由於看起來極似老鼠，因此得名。太平洋鼠鯊與大白鯊、尖吻鯖鯊同屬鼠鯊目，但體型較為豐滿。

太平洋鼠鯊屬於寒帶外洋性動物，主要分布在阿拉斯加、加州、阿留申群島近海海域，也有人在日本近海看到其出沒，冬天還會出現在伊豆半島附近海域。

太平洋鼠鯊在日本東北稱為「毛鹿鮫」，也有人稱牠為「豪鹿」。英文名

爲「Salmon shark」，來自其喜歡吃鮭魚的習性。30～40尾太平洋鼠鯊聚集成群，獵捕在表層帶遨遊的鮭魚和鱒魚。

此外，太平洋鼠鯊與大白鯊一樣擁有發達的奇網，這是一種特殊的微血管網絡，可維持比水溫還高的體溫。由於這個緣故，太平洋鼠鯊可在冰冷海水中全速前進，以迅雷不及掩耳的速度捕捉魚類。

另一方面，冰島、挪威北部等北大西洋海域，與南半球的冷水海域，棲息著大西洋鼠鯊的近緣種大西洋鯖鯊。大西洋鯖鯊也遭到人類爲了取食魚翅而濫捕，面臨絕種危機。二〇一三年以後，根據華盛頓公約，將大西洋鯖鯊列入保護名單，嚴格規範國際貿易。

太平洋鼠鯊完整情報 File

目　名	鼠鯊目	
科　名	鼠鯊科	
學　名	*Lamna ditropis*	
分　布	分布在阿拉斯加近海、白令海等北太平洋海域，日本則分布在關東以北的太平洋和日本海。	
棲息海域	棲息在近海到遠洋的表層帶，偶爾會潛入水深超過200m的海域。	
生殖方法	胎生（母體營養生殖・食卵性）	
體型大小	最大約 3m	

大小比較圖

Eating Data

【食物】
鮭魚、鱒魚、太平洋鯡等魚類、頭足類動物等。

【獵食策略】
三十～四十尾集結成群，攻擊鮭魚群。由於速度很快，會追逐食物捕食。

沙虎鯊

Sandtiger shark

既是鱷魚又是鯊魚？
棲息在沿海區以尖牙爲正字標記的恐怖鯊魚

|沙虎鯊簡介|

　　沙虎鯊也是分布在日本海岸的鼠鯊目鯊魚。

　　巨大沙虎鯊身長可達 3 公尺，嘴巴閉合時，可看見尖端如釘子般細尖，兩側又有小突起的牙齒顯露在外。上頜齒單邊約有 30 顆，下頜齒單邊約有 20 顆，看到一尾游泳時露出尖銳牙齒的鯊魚，總給人凶猛殘暴的印象。

　　沙虎鯊也是水族館最常飼育的物種，儘管可以欣賞到牠在水中悠然地

來回游動的身影，但其實牠是夜行性動物，白天通常潛伏在海底洞穴裡。

由於天性較為溫和，沙虎鯊很少獵食人類，但還是發生過幾起零星的沙虎鯊攻擊人類事件，各位一定要特別小心。

除了擁有獵食者的身體特徵之外，研究學者也證實了兩項沙虎鯊的特殊生態。

第一是沙虎鯊會從海面吸入空氣，調節在海中的浮力。

第二則是與繁殖有關。沙虎鯊是食卵性的胎生（請參照 P.188）鯊魚，母鯊會將多餘的無受精卵排入子宮，成為仔鯊的食物。此時母鯊左右兩邊的子宮裡各自有數尾魚寶寶，但最後真正孵出來的，左右兩邊各只有一條魚。待在子宮內的魚寶寶會以彼此為食，只有生存到最後的魚寶寶能被生下來。

沙虎鯊完整情報 File

目　名	鼠鯊目	
科　名	錐齒鯊科	
學　名	*Carcharias taurus*	
分　布	西部太平洋、印度洋、大西洋的溫熱帶海域、地中海、紅海。日本則分布在伊豆七島、小笠原群島等南日本海域。	
棲息海域	棲息在海岸線到水深 190m 處，最常見於水深 15～25m 的區域。以內灣或近海的淺灘、珊瑚礁和水中洞窟為家。	
生殖方法	胎生（母體營養生殖・食卵性）	
體型大小	最大約 4.3m	

大小比較圖

Eating Data

【食物】
鰈魚、沙丁魚等硬骨魚類、小型鯊魚、鰩魚類等軟骨魚類、甲殼類等。

【獵食策略】
主要在夜間獵食。基本上會共同覓食，一旦咬住獵物，就會將獵物咬碎，吞進肚子裡。

歐氏尖吻鯊

Goblin shark

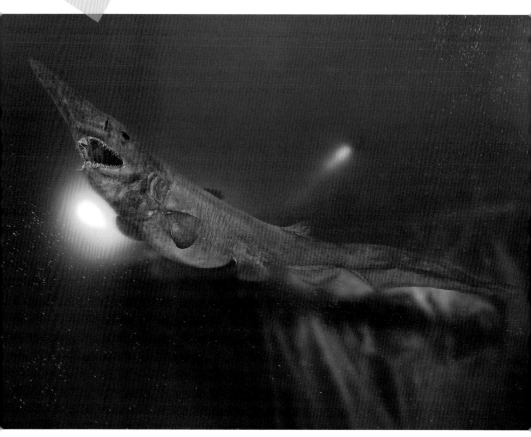

長相近似異形的謎樣深海鯊魚

| 歐氏尖吻鯊簡介 |

　　歐氏尖吻鯊主要棲息在水深超過300公尺的大陸坡，屬於可成長至 3～5 公尺的深海鯊魚。

　　廣泛分布在太平洋、大西洋、印度洋等海域，經常集中在相模灣、駿河灣等日本沿岸，遭到漁夫捕撈。

　　歐氏尖吻鯊最大的特色就是宛如尖刀的長吻。

　　長吻下方有許多可以感應微弱電流的器官，稱為「羅倫氏壺腹」（請參照P.171），可用來尋找花枝、章魚，以及魚類、甲殼類等食物。

歐氏尖吻鯊的牙齒

位於長吻下方的頷部排列著尖細銳利的牙齒，咬住獵物的瞬間會出現令人不寒而慄的畫面。

這個畫面就是上下頷會迅速往外飛出。歐氏尖吻鯊的頷部可往前延伸至體長百分之十的距離，其速度與長度在鯊魚界中，可說是無「鯊」可出其右。

正因為獵食畫面太過驚人，牠的英文名 Goblin shark 源自歐洲傳說中，噁心又醜陋的小妖精哥布林。

儘管這個名字十分嚇人，但歐氏尖吻鯊的獵食型態是為了適應食物很少的深海環境所演化出的結果。

歐氏尖吻鯊完整情報 File

目　名	鼠鯊目
科　名	尖吻鮫科
學　名	*Mitsukurina owstoni*
分　布	太平洋、印度洋、大西洋。日本則分布在關東以南的太平洋。
棲息海域	主要棲息在水深至 1300m 的大陸坡，偶爾會往上游至水深 40m 處。
生殖方法	胎生（母體營養生殖・食卵性）？
體型大小	最大約 5 m

大小比較圖

Eating Data

【食物】
花枝、章魚、甲殼類、魚類。

【獵食策略】
善用長吻上的羅倫氏壺腹尋找海底獵物，捕食時頷部會往前飛出，咬住獵物不放。

巨口鯊

Megamouth Shark

利用大嘴和具伸縮性的頜部皮膚
一口喝進大量海水與食物

巨口鯊簡介

　　顧名思義，巨口鯊擁有一張大大的嘴，看起來像是咧嘴微笑一般。由於沒有銳利大齒，儘管屬於大型鯊魚，卻給人詼諧印象。

　　巨口鯊被人類發現的時間並不長，

日本直到一九八○年代後期才知道有牠的存在。日本三重縣波切一帶過去以捕撈姥鯊聞名，後來受到姥鯊數量銳減影響，現在多以獵捕巨口鯊為主。

　　不過，在漁夫眼中，巨口鯊並非

巨口鯊的牙齒

「值得」獵捕的漁獲。

一般來說，深海鯊魚都是藉由富含油脂的肝臟控制浮力，輕鬆來往於深海與表層帶。通常肝臟會占體重的五分之一以上。巨口鯊的覓食區域為水深 200～20 公尺，其肝臟只有體重的百分之三。由於這個緣故，研究學者目前還不清楚巨口鯊以何種方式調節浮力。

即使如此，人類還是從極珍貴的捕獲案例，釐清巨口鯊的攝餌方法。

關鍵在於喉部附近的皮膚可像橡膠一樣伸縮。巨口鯊以浮游生物為餌食，一旦發現浮游生物群，牠就會張開嘴巴游泳。水壓會使橡膠狀喉嚨開始伸展，喝進大量海水。豪邁的獵食策略毫不辜負巨口鯊的名號。

[1]西北太平洋上，日本紀伊半島南部、和歌山縣南部與三重縣南部海岸海域。

巨口鯊完整情報 File

目　名	鼠鯊目
科　名	巨口鯊科
學　名	*Megachasma pelagios*
分　布	大西洋、印度洋、太平洋的溫熱帶海域。日本茨城縣的常磐近海與熊野灘[1]、九州等區域也能看見其蹤跡。
棲息海域	從沿海到近海水深 12～200m 的表層帶與中層帶海域。
生殖方法	胎生？
體型大小	最大約 6 m

大小比較圖

Eating Data

【食物】
浮游生物等浮游性無脊椎動物。

【獵食策略】
張開嘴使大量海水充滿整個口腔，連顎部皮膚內部也飽含海水，接著閉上嘴，使皮膚恢復原狀並從鰓裂排出海水，過濾浮游生物吞下腹。

長尾鯊

Thresher shark

善用長尾鰭展現驚人狩獵技巧的大洋武將

| 長尾鯊簡介 |

　　魚如其名，長尾鯊最大的特色就是長長的尾鰭。尾鰭最長可達3～4公尺，約為體長的一半，奇特外型令人驚豔。

　　其他鼠鯊目的鯊魚尾鰭只有體長的四分之一或五分之一，從這一點即可看出長尾鯊的尾鰭有多驚人。

　　長尾鯊的尾鰭根部很粗，尾鰭上葉如畫弧般延伸，尖端處還有缺口（不平整）。缺口後方略大，形狀類似馬鞭。

　　形狀怪異的尾鰭是長尾鯊獵食的重要武器。

　　當長尾鯊發現沙丁魚等魚群，會用

尾鰭拍打海面，將魚圍住，使魚群聚攏成球狀。有時鯊魚會在這個狀態下獵食，但包括長尾鯊在內的長尾鯊科鯊魚，獵食時會用力揮動尾鰭，擊暈沙丁魚，使其體力耗盡，獵食方法十分特別。甚至有人親眼看到長尾鯊以後者的方法捕捉海鳥。

可以想像這種狩獵型態需要絕佳視力，長尾鯊的眼睛四周有發達的奇網，視神經反應相當快。

長尾鯊的近緣種大眼長尾鯊與淺海長尾鯊，也有類似的生態。

長尾鯊的牙齒

長尾鯊完整情報 File

目 名	鼠鯊目	
科 名	長尾鯊科	
學 名	*Alopias vulpinus*	
分 布	太平洋、印度洋、大西洋、地中海的溫暖海域。日本則分布在北海道以南。	
棲息海域	棲息在沿岸到外海的表層帶。	
生殖方法	胎生（母體營養生殖・食卵性）	
體型大小	最大約 6 m	

大小比較圖

Eating Data

【食物】
沙丁魚、花鰹等硬骨魚類、花枝等。

【獵食策略】
利用尾巴聚攏目標魚群，接著尾巴伸入魚群用力揮動，敲擊獵物，捕食無法反抗的個體。

大眼長尾鯊
Bigeye thresher

大眼睛充滿魅力、獨樹一格的長尾鯊

　　大眼長尾鯊是長尾鯊科鯊魚，尾鰭的長度還不到全長的一半，雖然不及長尾鯊尾巴那麼長，但外型十分接近。

　　大眼長尾鯊也會利用尾鰭獵食，但相較於主要棲息在沿海表層帶的長尾鯊，大眼長尾鯊主要棲息在沿近海域的表層帶到 500 公尺以深的中層帶。

　　大眼長尾鯊的日文名字是ハチワレ，意思是八字形裂紋，這個名字取自其獨特的頭形。

　　大眼長尾鯊的頭頂有兩條往後延伸的凹線，呈八字形溝狀，這一點也是用

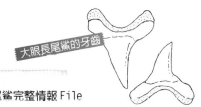

來區別長尾鯊和淺海長尾鯊的外形特徵。

此外，大眼長尾鯊還有另一項特色，那就是眼睛很大，而且呈直長形。

其雙眼從頭部兩側延伸至背部，不只能看到旁邊和前方，就連頭部上方也一覽無遺。專家認為，這是為了在食物缺乏的中層帶精準獵捕食物，才演化出這樣的外型。

此外，水產業者會以「味道」區分大眼長尾鯊，與長尾鯊、淺海長尾鯊的不同。

使用大眼長尾鯊製作魚漿製品時，容易產生酸味或苦味，從味道來說比不上另外兩種長尾鯊科魚類。

大眼長尾鯊完整情報 File

目　名	鼠鯊目
科　名	長尾鯊科
學　名	*Alopias superciliosus*
分　布	太平洋、印度洋、大西洋、地中海的溫帶到熱帶海域。日本則分布在南日本海海域。
棲息海域	近海到外海的表層帶到水深500m 的中層帶。
生殖方法	胎生（母體營養生殖‧食卵性）
體型大小	最大約 4.6 m

大小比較圖

Eating Data

【食物】
花枝、鯖魚、沙丁魚、旗魚（幼魚）等硬骨魚類。

【獵食策略】
利用尾巴聚攏目標魚群，接著尾巴伸入魚群用力揮動，敲擊獵物，捕食無法反抗的個體。

低鰭真鯊

Bull Shark

低鰭真鯊完整情報 File

目　名	真鯊目	
科　名	真鯊科	
學　名	*Carcharhinus leucas*	
分　布	太平洋、印度洋、大西洋的熱帶到亞熱帶海域、汽水區、大河與上游湖泊等淡水區域。日本則分布在西南群島和沖繩群島的近海。	
棲息海域	具有沿海性，棲息在淺海的海底附近或河口附近。	
生殖方法	胎生（母體營養生殖・胎盤型）	
體型大小	最大約 3.4 m	

大小比較圖

亦可棲息在淡水區的鯊魚界先驅

鯊魚廣泛棲息在沿岸到深海之間，通常無法生存於淡水河川或湖泊之中。

這是因為鯊魚的體液含有約海水一半濃度的礦物質與高濃度尿素，淡水環境會破壞體液濃度，所以無法在淡水生存。唯一的例外就是低鰭真鯊。

低鰭真鯊棲息在南北美洲、非洲南部等熱帶與亞熱帶海域沿岸，有時也會出現在靠近岸邊的淺灘。這一帶深受淡水影響。調查證實低鰭真鯊也棲息在距離北美密西西比州河口 2800 公里以上的流域，以及距離南美亞馬遜河河口 4000 公里處的上游。換句話說，低鰭真鯊可以棲息在淡水區域。

可耐受淡水環境的身體構造

為什麼低鰭真鯊可以長時間待在淡水環境之中？

原因很簡單，低鰭真鯊會大量吸收身邊的水，調節體液中的礦物質與尿素，藉此適應環境。

不只是成魚棲息在淡水之中，剛出生的幼魚也能在淡水生活，完全不成問題。

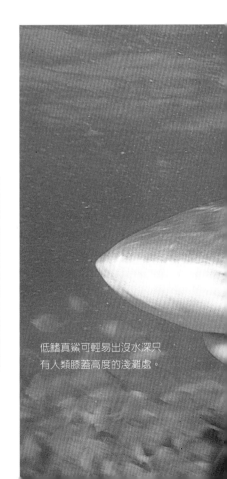

Eating Data

【食物】
無脊椎動物、包含鯊魚在內的軟骨魚類、硬骨魚類、海龜、海鳥類、海豚等哺乳類。

【獵食策略】
洄游於淺灘，面對大型獵物也會毫不猶豫地咬住，晃動頭部，撕碎獵物的肉。

低鰭真鯊可輕易出沒水深只有人類膝蓋高度的淺灘處。

　　儘管低鰭真鯊具有高度適應性，但牠也以凶猛個性聞名。

　　由於牠的個性與脾氣粗暴的公牛十分相近，因此被稱為 Bull Shark，讓人敬而遠之。低鰭真鯊可獨自在淺灘獵食，無論身型大小，只要發現獵物就會攻擊。

　　人類也是低鰭真鯊的獵物之一，實際上也發生過幾次低鰭真鯊攻擊人類的案例。

　　低鰭真鯊的眼睛很小，經常在混濁海水中獵食，因此專家認為其獵食時不仰賴視力，而是用其他方法尋找獵物。

　　下頜有銳利的三角形「尖利狀牙齒」、上頜還有鋒利的「細針狀牙齒」，任何海中生物都能吃，因此只要遇到獵物就會緊咬不放。

　　成魚全長可長至 3 公尺，體格相當壯碩，體重可達 250 公斤。人類在毫無防備下遭受攻擊，絕對沒有生還的機會。

　　低鰭真鯊亦棲息在沖繩近海，目前已經證實幼魚會逆流游至那霸市安里川。對日本人來說，低鰭真鯊是比大白鯊更容易見到的食人鯊。

若不幸遭受鯊魚攻擊該怎麼辦？

有備無患最安心！在大海遭到鯊魚攻擊的因應之道

無論多小心謹慎，任何人都可能在海上遇到危險的鯊魚。萬一不幸遭到攻擊，請務必保持冷靜，立刻上岸或上船。如果離岸邊或船隻太遠，絕對要緊盯著鯊魚，確認對方要做什麼。如果鯊魚朝自己游過來，在自己身邊游來游去或經過眼前，請用手或棍棒等任何可以當成武器的物品，避免牠游過來並將牠趕走。

如果鯊魚朝你攻擊，千萬不要回頭逃走，最好盡全力反擊，擺出攻擊態勢。例如製造海水氣泡威嚇牠，攻擊鯊魚的眼睛或鰓，就能讓牠感到害怕，為自己爭取時間，趁隙逃到安全地點。話說回來，就算看到鯊魚遠離自己也絕對不能掉以輕心。牠很可能突然回頭，趁著人類離開水面時攻擊。

此外，手邊如果有刀子或魚叉，最好第一時間拿來驅趕鯊魚，但千萬不能使牠受傷流血，避免牠情緒激昂，或呼喚其他同伴前來相救。

不幸被鯊魚咬傷，即使人在水中也要立刻止血。失血過多通常是被鯊魚攻擊後喪命的主因。不要因為傷勢不嚴重而輕忽後果，鯊魚咬傷容易化膿，請務必到醫院接受治療。

遭受鯊魚攻擊
的機率

（引自「美國民眾死因統計」）

死因	人數
交通事故致死（2011）	3 萬 5000 人
美國的肥胖致死者（2000-2005）	15 萬 4884 人（平均每年 2 萬 5814 人）
謀殺致死（2000-2005）	9 萬 6000 人（平均每年 1 萬 6000 人）
單車事故致死（1990-2009）	1 萬 5011 人（平均每年 750.5 人）
打獵意外致死（2000-2007）	441 人（平均每年 55.1 人）
船難意外致死（1998-2013）	3916 人（平均每年 244 人）
遭受雷擊致死（1959-2010）	1970 人（平均每年 37.9 人）
被離岸流捲走致死（2004-2013）	361 人（平均每年 36.1 人）
● 鯊魚攻擊致死（1959-2010）	26 人（平均每年 0.5 人）

根據美國所做的死因統計，被鯊魚攻擊致死的機率可說是相當低。

鼬鯊

Tiger shark

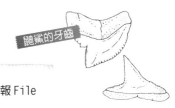

鼬鯊的牙齒

鼬鯊完整情報 File

目　名	真鯊目
科　名	真鯊科
學　名	*Galeocerdo cuvier*
分　布	太平洋、印度洋的熱帶、亞熱帶海域到溫帶海域。日本則分布在西南群島、九州與四國。
棲息海域	沿海及外海表層帶到水深140m 處。
生殖方法	胎生（母體營養生殖‧子宮乳）
體型大小	最大約 6 m

大小比較圖

凡是進入口中的生物全吞下肚，
以個性粗暴聞名的海中暴徒

年輕鼬鯊的背部有美麗的條紋圖案，隨著年紀增長，背部會逐漸變成單一的灰褐色。

英文名字 Tiger shark 便是取自年輕時的背部圖紋，話說回來，鼬鯊個性十分粗暴，以「虎」來取名可說是最貼切不過。

鼬鯊和大白鯊一樣，都是十分凶猛的食人鯊。從牙齒特徵即可窺見一二。鼬鯊的牙齒形狀近似公雞雞冠，邊緣呈鋸齒狀。咬住獵物後便左右甩頭，讓牙齒像鋸子一樣切開獵物的肉。

令人驚訝的是，鼬鯊牙齒十分強韌，下巴力道也很強勁，因此任何海中生物都能成為牠的食物。不僅遇到具有硬殼的海龜可以一口吞下肚，螃蟹、甚至鯊魚（同種亦不放過）都是獵食目標。由此可見，鼬鯊屬於雜食性動物，而且具有高度攻擊性。

什麼東西都吃的「海中垃圾桶」

鼬鯊可出沒在水深只有人類膝蓋高度的淺灘，凡是能入口的東西全都吞下肚。不只吃人、馬、羊，專家解剖鼬鯊屍體時，曾在胃裡發現罐頭和車牌。

正因為牠什麼東西都吃，因此被揶揄為「海中垃圾桶」。

或許是因為毫無限制地吃東西，鼬鯊最大可長到 6 公尺。

巨大鼬鯊看起來很嚇人，但絕不能因為幼魚體型很小就掉以輕心，旺盛的食慾無論任何年齡都很恐怖。

Eating Data

【食物】
硬骨魚類、鯊魚、鰩魚、鳥類、海洋哺乳類、海龜等。

【獵食策略】
看到獵物便接近，以巨大的顎部和鋸齒狀牙齒緊咬獵物不放，左右搖動頭部撕碎獵物的肉。

鼬鯊喜歡在夜間活動，愛好伸手不見五指的混濁海域，個性粗暴，無論是人類或保育類動物，看到什麼吃什麼。由於這個緣故，長年以來人類一看到鼬鯊就會立刻驅趕。另一方面，學者的研究也發現其不可思議的生態奧祕。

學者發現有一個絕招可使凶猛的鼬鯊舉手投降，就是只要將鼬鯊翻過來，牠就會陷入昏睡狀態。

這種狀態稱爲「緊張性靜止」（Tonic Immobility），研究學者趁這個時候爲鯊魚裝上發信器，還可在不傷害或殺害鯊魚的情形下分析鯊魚胃部的內容物。

魚吻扁平加上開罐器般的牙齒。即使遇到金屬片或皮革製品這類不能吃的物品，鼬鯊還是會一口吞下肚。

鯊魚商品

鯊魚迷一定要擁有！讓鯊魚商品陪你度日

鯊魚是一種全身上下皆可利用的動物，用途相當廣泛。

古人將鯊魚視為神聖的生物，將牠的牙齒做成飾品或護身符。許多日本神社與寺院將鯊魚牙齒奉為寶物，取名為「天狗之爪」。

鯊魚皮也能利用。人們將表面粗糙的鯊魚皮纏繞在刀柄上，兼具防滑與裝飾效果，或用來製成馬具、甲冑、菸盒等用具。時至今日，許多高級的劍道護具「胴部」，仍在表面貼上一層鯊魚皮。

近代受到牛皮不足影響，廠商也用鯊魚皮取代牛皮，製作手提包、皮帶和鞋子等商品。

如今鯊魚已經不是牛皮的代用品，許多商家著眼於鯊魚皮的獨特質感，推出各種鯊魚皮製品。尤其是大青鯊皮的觸感十分特別，愈用皮革愈亮，受到各界歡迎。

提到鯊魚皮製品，許多人會以為表面十分粗糙。事實上，去除魚鱗後摸起來十分滑順，也很耐用，還能染成自己想要的顏色。許多商品如果不說，一般人根本不知道是用鯊魚皮做的。

或許各位的廚房裡就有鯊魚皮製品。將鯊魚皮貼在磨泥器上的鯊魚皮磨泥器最適合用來磨山葵泥。

南太平洋民族以鯊魚牙齒製成的飾品，用來驅除鯊魚，保護自己。

遠洋白鰭鯊
Oceanic whitetip shark

擁有又大又圓的背鰭和胸鰭，
外型宛如滑翔機的食人鯊

| 遠洋白鰭鯊簡介 |

　　遠洋白鰭鯊的日文是ヨゴレ，原意是骯髒的意思。用這個詞來命名似乎有些不妥，但這是有原因的。遠洋白鰭鯊的背鰭與胸鰭愈往末梢顏色愈白，上面有褐色斑紋，看起來髒髒的，因而得名。

　　以身體比例來說，呈圓弧形的背鰭與胸鰭尺寸偏大，是其特色所在。外型很像滑翔機，適合慢慢地游泳，但如果激怒牠，牠也會迅速採取行動。

遠洋白鰭鯊的牙齒

遠洋白鰭鯊棲息在熱帶到亞熱帶的外海，很少出現在海岸四周。不過，受到旺盛好奇心與偏執個性的影響，加上又是雜食性動物，如果看到人也很可能捕食人類。

平時獨來獨往，發現食物時也會成群攻擊。

綜合以上特性，儘管遠洋白鰭鯊只有 3 公尺長，卻被評為「所有鯊魚中最危險的一種」。

事實上，在第二次世界大戰，某艘美軍軍艦遭受魚雷攻擊，艦上 900 名士兵跳艦逃生，不幸遭受遠洋白鰭鯊群攻擊，四天後獲救時只倖存 300 人。這起事故令人不寒而慄。

在無垠大海被食人鯊團團圍住的情境，光是想像就夠驚恐。

遠洋白鰭鯊完整情報 File

目　名	真鯊目	
科　名	真鯊科	
學　名	*Carcharhinus longimanus*	
分　布	太平洋、印度洋、大西洋的熱帶到亞熱帶海域、地中海。日本則分布在南日本。	
棲息海域	外海表層帶到水深150m處。	
生殖方法	胎生（母體營養生殖・胎盤型）	
體型大小	最大約 4 m	

大小比較圖

黑邊鰭眞鯊

Blacktip shark

鎖定獵物就大暴走！
細長的雙眼蘊藏危險

| 黑邊鰭眞鯊簡介 |

黑邊鰭眞鯊的特色在於尖吻，以及胸鰭和背鰭前端的黑色斑點。棲息在太平洋、大西洋、印度洋與全世界的熱帶到亞熱帶海域，是一種十分常見的鯊魚。

全長可達 2 公尺，除了吃沙丁魚、竹筴魚等小魚，以及章魚、蝦子之外，也會攻擊小型鯊魚。

黑邊鰭眞鯊活動性高，游泳速度快，襲擊小魚群時總是使盡全力，人類

黑邊鰭真鯊的牙齒

經常可以看到牠們浮出海面繞著獵物來回轉圈，跳起獵食的模樣。

這個行為代表牠們陷入暴衝覓食的狀態。暴衝覓食指的是看到大群獵物時，獵物大量出血，或魚群搏命死鬥形成刺激，導致鯊魚失去控制的現象，英文是「feeding frenzy」。有學者認為暴衝覓食引起的刺激超過鯊魚大腦可以處理的訊息量，才會引發這個現象。不過，詳細的生理機制目前並不清楚。

一旦鯊魚陷入暴衝覓食狀態，就連身邊的同伴也會毫不留情地攻擊。由於這個緣故，習慣成群獵食的黑邊鰭真鯊，幾乎每次獵食結果都令人不忍目睹。

簡單來說，黑邊鰭真鯊跳出海面的場景絕不是海豚或鯨魚那般充滿歡愉。

黑邊鰭真鯊完整情報 File

目 名	真鯊目
科 名	真鯊科
學 名	*Carcharhinus limbatus*
分 布	分布在太平洋、大西洋、印度洋的熱帶與亞熱帶海域，日本近海沒有黑邊鰭真鯊。
棲息海域	海岸與外海的淺海、河口區域。
生殖方法	胎生（母體營養生殖・胎盤型）
體型大小	最大約 2.5 m

大小比較圖

Eating Data

【食物】
竹莢魚、沙丁魚等硬骨魚類、甲殼類、章魚等。

【獵食策略】
衝進小魚群裡獵食，經常暴衝覓食，瘋狂地躍出海面。

高鰭眞鯊

Sandbar shark

垂直聳立的背鰭是正字標記，最像鯊魚的鯊魚

　　高鰭眞鯊日文名稱爲メジロザメ、別稱「ヤジブカ」。

　　屬於胎盤型胎生，胎仔在母鯊子宮裡長大，ヤジ漢字可爲「親」，ブカ漢字可寫成「鱶」，從別稱即可看出其特性，可說是名符其實的鯊魚種類。

　　メジロザメ是目名也是科名，背部巨大的第一背鰭是其特色所在。背鰭不位於正中間，而且位在略偏前方的位置。頭部到背鰭之間緩慢往上，背鰭如旱地拔蔥般聳立，前端爲尖銳的三角形。

高鰭真鯊的牙齒

高鰭真鯊也是屬於可以人工飼育的鯊魚，因此一般民眾有可能在水族館看見其身影。

背部與體側為灰色，腹部為白色，加上圓吻和小眼睛，以及長達3公尺的身體，高鰭真鯊的外型簡直就是鯊魚應該有的模樣。從外表來看，各位可能以為牠很凶猛，儘管牠也會吃其他種的鯊魚，軟骨魚類和硬骨魚類都是牠的獵食對象，但基本上沒有攻擊性。

高鰭真鯊分布在太平洋、大西洋、印度洋的熱帶到溫帶海域，分成幾個群體生活在各海域之中。

幼魚生活在淺海，不分雌雄群聚在一起，成魚後離開父母到別的地方生活，大多選擇沿海到外海的表層帶到水深 300 公尺處。除了交配期間外，雄鯊和雌鯊會分開群聚生活。儘管仔鯊透過胎盤和母鯊緊密連結，但一出生就獨立，算是很早獨自生活的鯊魚。

高鰭真鯊完整情報 File

目　名	真鯊目
科　名	真鯊科
學　名	*Carcharhinus plumbeus*
分　布	太平洋、大西洋、印度洋的熱帶到亞熱帶海域。日本則分布在南日本以南。
棲息海域	沿海表層帶到水深300m處。
生殖方法	胎生（母體營養生殖・胎盤型）
體型大小	最大約 3 m

大小比較圖

Eating Data

【食物】
鯊魚等軟骨魚類、硬骨魚類、甲殼類、章魚等。

【獵食策略】
夜間積極出沒，尋找食物。發現獵物時會小心翼翼接近，不讓獵物發現，再迅速咬住對方。

黑尾眞鯊

Grey reef shark

對入侵地盤的外來者
做出特有威嚇行爲的社會性鯊魚

| 黑尾真鯊簡介 |

　　黑尾眞鯊廣泛分布在太平洋與印度洋，棲息在珊瑚礁周邊，是潛水愛好者最常遇到的鯊魚。

　　黑尾眞鯊通常成群生活，有時規模超過 100 尾。

　　任何人看到數量超過百尾的鯊魚群，一定會嚇到心臟都快停止，但黑尾眞鯊的個性算是溫和，因此無須過度恐慌。不過，遇到單獨一尾黑尾眞鯊時，反而要特別小心。在沒有成群結隊的

黑尾真鯊的牙齒

狀態下，黑尾真鯊的警戒心較強，容易對入侵地盤的外來者產生攻擊性。

攻擊時，黑尾真鯊會先發出警告訊號。

先是揚起吻，接著下壓兩邊胸鰭，隆起背部，從側面看形成 S 形姿態。

尾鰭往左邊或右邊彎，從上方看形成一個 J 字形。黑尾真鯊維持這個不自然的姿態，以畫八字形的方式往前游動（請參照 P.186）。

如果看到黑尾真鯊做出上述姿勢，請勿進一步刺激牠，一定要安靜離開現場。若做出魯莽舉動，牠很可能將你當成敵人，發動攻擊。

黑尾真鯊完整情報 File

目 名	真鯊目
科 名	真鯊科
學 名	*Carcharhinus amblyrhynchos*
分 布	分布在西部與中部太平洋、印度洋、紅海的熱帶海域，日本近海看不見牠們的蹤跡。
棲息海域	棲息在珊瑚礁與近海表層帶到水深 150m 處。
生殖方法	胎生（母體營養生殖・胎盤型）
體型大小	最大約 2.6 m

大小比較圖

Eating Data

【食物】
甲殼類、石斑魚、鰈魚等硬骨魚類、花枝、章魚等。

【獵食策略】
主要在礁岩區域覓食，找到體型較小的食物便咬住不放，一口吃下去。有報告顯示，黑尾真鯊也會成群獵食。

直翅眞鯊

Galapagos shark

棲息在外海島嶼，
極具危險性的熱帶鯊魚

| 直翅眞鯊簡介 |

　　直翅眞鯊是棲息於加拉巴哥群島與夏威夷島嶼周邊的大型鯊魚。

　　擁有圓弧形的吻、灰色或青灰色的背與白色腹部，體型最大可達 3.7 公尺。

外觀上除了鰭的前端不是深黑色之外，其他地方與黑尾眞鯊十分相近。不僅如此，成群生活的生態與威嚇行動都有共通之處。棲息在水深 180 公尺以淺的淺

海海域，鄰近人類的生活圈，因此與人類接觸的機率相當高。由於直翅真鯊看到敵人會立刻攻擊，絕對不可掉以輕心。

直翅真鯊完整情報 File

目　名	真鯊目
科　名	真鯊科
學　名	*Carcharhinus galapagensis*
分　布	分布在太平洋、大西洋、印度洋的熱帶到亞熱帶海域。
棲息海域	外海與島嶼周邊水深 180m 以淺的淺海海域。
生殖方法	胎生（母體營養生殖 ‧ 胎盤型）
體型大小	最大約 3.7 m

大小比較圖

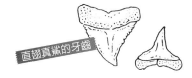

直翅真鯊的牙齒

Eating Data

【食物】
石斑魚類、鰈魚類等硬骨魚類、鰩魚等軟骨魚類、章魚、甲殼類。

【獵食策略】
白天在表層附近攝食，晚上潛入海底附近的深水區域，降低代謝率。

加勒比礁鯊

Caribbean reef shark

優游於加勒比海海底，
深受潛水客喜愛的鯊魚

| 加勒比礁鯊簡介 |

　　真鯊目鯊魚不乏洄游種，但加勒比礁鯊的特性有些不同。

　　加勒比礁鯊會在加勒比海海域與墨西哥灣這類大西洋西部的熱帶、亞熱帶海域沿岸的暗礁海底附近等棲息地洄游，但有時也會安靜地待在沙洲、斷崖峭壁、洞穴內等處。

　　加勒比礁鯊不會對潛水客產生反

應，只要不刺激牠，人類可在一旁靜靜觀賞。

不過，若附近有小型鯊魚、鰩魚、硬骨魚等食物，加勒比礁鯊容易感到興奮，產生攻擊性，一定要特別注意。

加勒比礁鯊完整情報 File

目　名	真鯊目
科　名	真鯊科
學　名	*Carcharhinus perezi*
分　布	分布在美國東部沿海、百慕達、墨西哥灣北部與加勒比海等西部大西洋熱帶海域。未分布於日本近海。
棲息海域	主要棲息於大陸棚、島嶼、珊瑚礁域等處，水深 30m 以淺的淺海。
生殖方法	胎生（母體營養生殖 · 胎盤型）
體型大小	最大約 3 m

大小比較圖

加勒比礁鯊的牙齒

Eating Data

【食物】
花枝、章魚、甲殼類、鰈魚類等硬骨魚類。

【獵食策略】
透過低周波感應獵物，先是在獵物旁游來游去，再冷不防地轉頭以下巴前端咬住食物。由此可見，加勒比礁鯊是一種十分聰明的鯊魚。

檸檬鯊
Lemon shark

海岸與紅樹林等低氧環境
也能生存的超強鯊魚

檸檬鯊簡介

檸檬鯊有著大大的第一背鰭、略小的第二背鰭與扁平的吻，體長可長到 3 公尺左右，屬於大型鯊魚。「檸檬」之名取自背部優美的金褐色外觀。

高度的環境適應力是檸檬鯊的優勢之一。

檸檬鯊可在紅樹林、岩礁、河口等大自然環境長時間停留，從這一點可以看出，牠們不僅能在氧飽和度較低的淺灘生存，也能適應鹽分濃度不一的水中

環境。

　這項特性似乎與牠成長速度緩慢有關。檸檬鯊要花十二年才會達到性成熟，為了避免在這段期間被其他鯊魚捕食，所以必須留在安全的地方。

　此外，檸檬鯊也能適應人工飼育環境。其他鯊魚被人類豢養多數會拒食，或用身體拍打水族箱，終至死亡。不過，檸檬鯊可在水族箱內存活。由於這個緣故，許多學者以檸檬鯊為對象進行各種研究。

　日本近海也有同屬的犁鰭檸檬鯊棲息。犁鰭檸檬鯊的特性與檸檬鯊幾乎相同，不過犁鰭檸檬鯊的兩個背鰭一樣大，可從這一點來分辨。

檸檬鯊的牙齒

檸檬鯊完整情報 File

目　　名	真鯊目
科　　名	真鯊科
學　　名	*Negaprion brevirostris*
分　　布	分布在太平洋美國熱帶海域沿岸、加勒比海、大西洋的熱帶沿海海域、西非沿海海域。未分布於日本近海。
棲息海域	棲息在河口、灣、珊瑚礁附近的淺灘，至水深 90m 左右。
生殖方法	胎生（母體營養生殖・胎盤型）
體型大小	最大約 3.4 m
大小比較圖	

Eating Data

【食物】
包括鯊魚類在內的軟骨魚類、硬骨魚類、甲殼類、章魚、花枝等。

【獵食策略】
雖然視力不佳，但從早到晚四處游動，吻部有一個靈敏的磁場感測器，利用此感測器搜尋獵物，並以銳利的牙齒獵食。

灰三齒鯊
Whitetip reef shark

白天睡覺，
晚上與同伴一起狂歡

| 灰三齒鯊簡介 |

灰三齒鯊分布在太平洋、印度洋等熱帶地方，將頭埋在洞穴或珊瑚礁下，身體打橫，以這個姿勢度過大半天。鯊魚通常會一直在水裡游泳，透過鰓過濾海水呼吸，但灰三齒鯊即使靜止不動，也能利用負壓從嘴巴進水，將水送進鰓裡。

灰三齒鯊平時像是睡著一樣靜止不動，學者認為這個行為是為了洗去寄生蟲。

灰三齒鯊的牙齒

在海水與淡水參雜的洞穴附近含氧量較高，鹽分濃度較低，最適合清除寄生蟲。

白天一直貪睡的灰三齒鯊，到了傍晚就開始活動。牠們會集體行動，將硬骨魚逼到空間狹窄的地方捕食。只有這個時候一反貪睡形象，爭先恐後地搶食獵物。

此外，由於灰三齒鯊體內有一種名為雪卡毒素的化合物，會傳染疾病給人類，因此撈捕個性溫馴的灰三齒鯊對人類毫無益處。灰三齒鯊的食物是生活在熱帶海域的白星笛鯛，白星笛鯛的毒素會累積在灰三齒鯊體內，因此不適合人類食用。

灰三齒鯊完整情報 File

目　名	真鯊目	
科　名	真鯊科	
學　名	*Triaenodon obesus*	
分　布	分布在太平洋與印度洋的熱帶海域。日本則分布在九州、琉球群島、伊豆七島、小笠原群島等海域。	
棲息海域	主要棲息在水深 8～40m 的表層帶岩地、珊瑚礁與沙泥海底。	
生殖方法	胎生（母體營養生殖・胎盤型）	
體型大小	最大約 2 m	

大小比較圖

Eating Data

【食物】
鯛魚等硬骨魚類、章魚、蝦子、螃蟹等甲殼類。

【獵食策略】
日落後開始活動，一整晚獵捕食物。具有出色的嗅覺、聽覺、電波感應能力，捕捉獵物訊號，集體躲在珊瑚、岩石縫隙與洞穴，伺機獵捕食物。

大青鯊
Blue Shark

身軀細長
最適合洄游大海的長泳高手

| 大青鯊簡介 |

　　大青鯊有長長的頭部與細長的流線身軀，可成長至 3 公尺左右。鮮豔的藍紫色身體在水中十分美麗，絕不會看錯。儘管身體細長看似無害，其實牠會攻擊人類，在海裡遇見牠時要特別謹慎。

　　大青鯊擁有彈性十足的軟骨脊椎，可迅速彎曲身體或轉向，利用強而有力

的尾鰭划水，快速往前推進。

　　受惠於特有的游泳姿勢，大青鯊在分布海域可順著海流進行大洄游。目前已經證實，在紐約近海捕獲的大青鯊花十六個月從紐約游到巴西，全長 6000 公里左右。根據一項利用發訊器進行的調查，大青鯊最長可以游 1 萬 6000 公里。

　　分布在大西洋的雌性大青鯊，與分布在北美海域的雄性大青鯊交配後，會往東橫渡大西洋，游到歐洲附近生產再南下，往西橫渡大西洋。

　　在鯊魚族群中，大青鯊的交配過程相當激烈。交配時雄鯊會緊咬著雌鯊，由於這個緣故，雌鯊的皮膚比雄鯊厚三倍。

大青鯊的牙齒

大青鯊完整情報 File

目　名	真鯊目
科　名	真鯊科
學　名	*Prionace glauca*
分　布	分布於太平洋、印度洋、大西洋的熱帶到亞寒帶海域，以及日本周邊海域。
棲息海域	主要棲息於大陸棚外側的外海表層帶，可潛入水深 350m 處。偶爾會進入沿岸或近海。
生殖方法	胎生（母體營養生殖・胎盤型）
體型大小	最大約 3.8 m

大小比較圖

Eating Data

【食物】
硬骨魚類、花枝等。

【獵食策略】
主要採取集體獵食行動，突擊時會利用帶有鋸齒邊緣的三角形上顎尖牙，與細長形下顎牙齒捕獲獵物。

烏翅眞鯊

Blacktip reef shark

在淺灘看到黑背鰭鯊魚一定要嚴加戒備

　　造訪太平洋島嶼時，經常可在高度及膝的珊瑚礁淺岸看見許多背鰭尖端爲黑色的鯊魚，這是烏翅眞鯊幼體的魚鰭。

　　烏翅眞鯊可成長至接近 2 公尺左右，身體呈淡灰褐色，各鰭尖端爲黑色，尾鰭還有一圈黑邊。

　　此顏色分布稱爲反蔭蔽，利用視覺效果避免獵物察覺自己的存在。

　　一般鯊魚的背部爲灰色系，由海面往下看的時候，灰色背部會與海底顏色融爲一體。由海底往上看的時候，白色

腹部又會隱沒在海面光線之中。烏翅眞鯊的黑邊魚鰭能強化此視覺效果，讓輪廓看起來更模糊。

烏翅眞鯊棲息於極淺水域與潮間帶，因此背部顏色較淺。烏翅眞鯊洄游於淺灘與潟湖等地形之中，很容易露出背鰭，人類經常可在海岸線附近發現其蹤影。

基本上，以魚和無脊椎動物爲食的烏翅眞鯊很少主動攻擊人類，但如果人類在淺灘走動，有時會因爲某些緣故被烏翅眞鯊咬傷腳部。有鑑於此，若發現前方有黑邊魚鰭，請務必提高警覺。

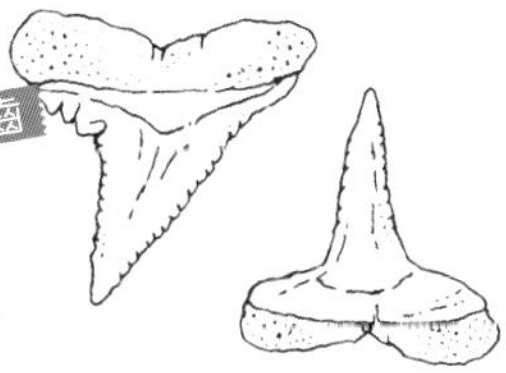

烏翅真鯊完整情報 File

目　名	真鯊目
科　名	真鯊科
學　名	*Carcharhinus melanopterus*
分　布	中央與西部太平洋海域、印度洋的熱帶、亞熱帶海域、地中海東部海域。
棲息海域	棲息在珊瑚礁與周邊地區，幼魚會進入淺灘。
生殖方法	胎生（母體營養生殖 · 胎盤型）
體型大小	最大約 2 m

大小比較圖

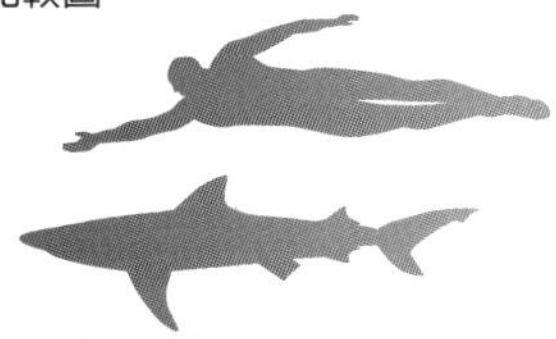

Eating Data

【食物】
鯔魚、鯛魚等硬骨魚類、花枝、章魚等。

【獵食策略】
利用身體顏色與海底、海面融為一體，進行獵食。此外，印度洋曾經出現成群烏翅真鯊將魚群趕至淺灘，方便獵食。

白邊眞鯊
Silvertip shark

有著與烏翅眞鯊相反，
尖端爲白色的黑色背鰭

| 白邊真鯊簡介 |

顧名思義，白邊眞鯊的魚鰭尖端與邊緣點綴著銀白色。

雖然烏翅眞鯊與白邊眞鯊的名稱類似，但白邊眞鯊可成長至 3 公尺左右，第二背鰭與臀鰭也很小。吻部較長，前端呈圓弧形。不只棲息於淺灘，也在水深 200 公尺以深的中層帶活動。

上下頜各有一排鋸齒狀牙齒。

下頜齒細長尖銳，上頜齒呈銳利的三角形，可緊緊咬住鯖魚、鮪魚等硬骨

魚類，挖出肉片吃。這一點與其他的真鯊科鯊魚相同。不過，白邊真鯊的個性則與其他的真鯊科鯊魚不太一樣。

　　一般來說，真鯊科鯊魚的獵食行為較具攻擊性，這項特點已在前方頁面說明過。但白邊真鯊不會每次遇到敵人就做出備戰姿勢，只要對方沒有刺激性舉動，就不會主動攻擊。相對來說是危險性較小的鯊魚。

　　值得注意的是，白邊真鯊具有地域性，個性很敏感，遇到潛水客靠近很可能突然攻擊，必須十分小心。

　　看到白邊真鯊時，除了必須注意其動向，也不可太過靠近。

白邊真鯊的牙齒

白邊真鯊完整情報 File

目　名	真鯊目
科　名	真鯊科
學　名	*Carcharhinus albimarginatus*
分　布	分布於太平洋、印度洋熱帶海域，日本近海目前尚未發現其蹤跡。
棲息海域	大陸、島嶼周邊水深 30m 的表層帶到 800m 的中層帶。
生殖方法	胎生（母體營養生殖．胎盤型）
體型大小	最大約 3 m

大小比較圖

Eating Data

【食物】
包括小型鯊魚在內的軟骨魚類、鯖魚、鮪魚等硬骨魚類、章魚等。

【獵食策略】
利用寬斜的三角形上顎齒，與明顯尖銳的下顎齒咬住餌食，大快朵頤。

陰影絨毛鯊

Japanese swellshark

可像河豚一樣膨脹身體的氣球鯊魚

　　淺褐色加上黑色斑點的厚實體格宛如蝌蚪，圓形短吻與位置偏後的第一背鰭，雖屬真鯊目，但陰影絨毛鯊的外觀與高鰭真鯊大相逕庭。

　　陰影絨毛鯊全長只有 1 公尺左右，若遇到天敵捕食，就會吸入水或空氣，使身體膨脹。

　　陰影絨毛鯊的體表有一層粗鱗，若躲藏在小洞穴或岩石裂縫時遭到攻擊，也能躲在縫隙，利用粗鱗固定在石壁上，避免被天敵咬住拖出。即使找不到藏匿處，也能瞬間膨脹身體達 1.5 倍，

藉此威嚇敵人。

　　不過，曾經有人目擊膨脹的陰影絨毛鯊在海面漂浮好幾天的情景，看來想要恢復原狀似乎不是那麼容易。

　　從英文名 swellshark（膨脹鯊魚）可以充分看出這項特性，日文名「七日鮫」代表放在陸地上七天還能生存之意。事實上，陰影絨毛鯊在陸地無法存活那麼久，但這個名字確實反映其異於其他鯊魚的生命力。

陰影絨毛鯊完整情報 File

目　名	真鯊目
科　名	貓鯊科
學　名	*Cephaloscyllium umbratile*
分　布	分布於東海、日本周邊海域等西北太平洋，日本分布在北海道南部以南各地。
棲息海域	從大陸棚到水深 700m 的大陸坡。
生殖方法	卵生（單卵生）
體型大小	最大約 1.1m

大小比較圖

Eating Data

【食物】
盲鰻類、小烏鯊、黑線銀鮫等軟骨魚類、日本鱧、褐菖鮋等硬骨魚類、甲殼類、花枝、章魚等。

【獵食策略】
以身體比例來說，陰影絨毛鯊擁有一張大嘴，專門獵食動作緩慢的魚類。使用尖銳細牙刺穿獵物食用。

虎紋貓鯊

Cloudy catshark

名字雖有虎字，但個性相當溫馴

　　虎紋貓鯊的日本名是「トラザメ（直譯為虎鯊）」，牠與英文名為「Tiger shark」的鼬鯊是不同種類的鯊魚，後者是大型食人鯊，虎紋貓鯊長大後只有40公分長，屬於小型鯊魚，個性也很溫馴。名字取自身體上的斑紋。

　　虎紋貓鯊的生殖方式為卵生，卵殼形狀十分特別。虎紋貓鯊的卵殼為全長5公分的長方形，呈焦糖色，四角還有像觸手的突出物，產在海藻之間，可以

固定在海藻上。卵殼內的卵在七到
十一個月之後，就會孵化成幼魚。

虎紋貓鯊完整情報 File

目　名	真鯊目
科　名	貓鯊科
學　名	*Scyliorhinus torazame*
分　布	分布在台灣、東海、朝鮮半島。日本分布在北海道南部以南各地海域。
棲息海域	棲息在沿海水深 300m 以淺的沙泥海底。
生殖方法	卵生（單卵生）
體型大小	最大約 50cm

大小比較圖

虎紋貓鯊的牙齒

Eating Data

【食物】
蝦子、螃蟹等甲殼類、環節動物等。

【獵食策略】
張大嘴等待食物接近自己，再一口氣吸入嘴裡。

帶紋長鬚貓鯊

Striped catshark

擁有帥氣直條紋的小型鯊魚

| 帶紋長鬚貓鯊簡介 |

　　帶紋長鬚貓鯊全長不到 1 公尺，屬於小型鯊魚，特色是從頭部到背鰭共有七條黑色直條紋。不只是日本名，連英文名也直接使用 Striped catshark，點出帶紋長鬚貓鯊的身體特徵。

　　帶紋長鬚貓鯊的食物很廣泛，包括蝦蛄、螃蟹、花枝、章魚類，以及貝類、硬骨魚類。另一方面，帶紋長鬚貓鯊的身長只有 1 公尺，牠也是大型魚類和其他鯊魚的食物。

不過，帶紋長鬚貓鯊善於適應環境變化，是水族館飼育展示的魚種。一般民眾可透過大型水族箱仔細欣賞。

帶紋長鬚貓鯊完整情報 File

目　名	真鯊目	
科　名	貓鯊科	
學　名	*Poroderma africanum*	
分　布	分布於大西洋、南非印度洋一帶。未分布於日本近海。	
棲息海域	水深 280m 處淺海的沙泥海底與岩地。	
生殖方法	卵生（單卵生）	
體型大小	最大約 1m	

大小比較圖

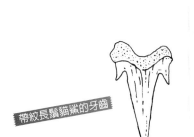

帶紋長鬚貓鯊的牙齒

Eating Data

【食物】
蝦蛄、花枝、章魚、鯷魚類、小銀綠鰭魚類等小型魚類、螃蟹等甲殼類。

【獵食策略】
通常在夜間獵食，以身上的直條紋掩護，捕捉接近自己的獵物。

伯氏豹鯊

Nagasaki catshark

【目名】真鯊目
【科名】貓鯊科
【學名】*Halaelurus buergeri*
【分布】分布於西北太平洋，日本棲息在長崎近海到東海之間。
【棲息海域】水深 80 ～ 210m 的大陸棚到大陸坡。
【生殖方法】卵生（複卵生）
【體型大小】最大約 50cm

　　體型細長，茶褐色皮膚上遍布黑色斑紋。長得很像日本原鯊與哈氏原鯊，很容易認錯。伯氏豹鯊的第一背鰭位置比腹鰭後面一些，可從這一點分辨。

斑點貓鯊

Nursehound

【目名】真鯊目
【科名】貓鯊科
【學名】*Scyliorhinus stellaris*
【分布】分布於東北大西洋與地中海，未棲息在日本近海。
【棲息海域】沿海的岩礁區、海藻林。
【生殖方法】卵生（單卵生）
【體型大小】最大約 1.6m

　　貓鯊科中體型最大的種，身體遍布黑色斑點。屬
於夜行性動物，白天待在海底岩穴休息，晚上開始獵
食。愛吃鰈魚、太平洋鯡等硬骨魚類，以及螃蟹、小型
鯊魚等。

黑點斑鯊

Australian marbled catshark

【目名】真鯊目
【科名】貓鯊科
【學名】*Atelomycterus macleayi*
【分布】分布於澳洲北部沿岸，未棲息在日本近海。
【棲息海域】水深較淺的珊瑚礁海底。
【生殖方法】卵生（單卵生）
【體型大小】最大約 60cm

　　體型屬於細長圓筒形，黑色與白色斑點整齊排列在身上。白天躲在珊瑚礁，晚上出來覓食。偏好小型無脊椎動物與硬骨魚。

日本鋸尾鯊

Broadfin sawtail catshark

【目名】真鯊目
【科名】貓鯊科
【學名】*Galeus nipponensis*
【分布】分布於西北太平洋，日本棲息在相模灣以南的太平洋海
　　　　域和沖繩群島。
【棲息海域】水深 360 ～ 840m 的大陸坡。
【生殖方法】卵生（單卵生）
【體型大小】最大約 70cm

　　顧名思義，這是只棲息在日本近海的四種鯊魚之一。尾鰭
上方有變形成鋸齒狀的大片鱗片，可用來保護自己。棲息於駿
河灣的日本鋸尾鯊以小型魚類、花枝、章魚類、甲殼類為食。

哈氏原鯊

Graceful catshark

小臉與纖瘦的身體是註冊商標，
在近海出沒的怪鯊

| 哈氏原鯊簡介 |

　　哈氏原鯊屬於小型鯊魚，最大只有65公分。

　　棲息於西北太平洋水深 100 ～ 200公尺的大陸棚或大陸棚邊緣地帶，日本的和歌山縣白濱、高知縣以布利與柏島、九州南岸都有牠們的身影。

　　小巧的頭部前方有短尖吻，身體也很細長，與一般的鯊魚體型不同。包含魚鰭在內的背部和體側遍布淡淡的褐色鞍狀紋，以及與眼睛差不多大的黑色斑

哈氏原鯊的牙齒

紋。

　　雖然外觀很特別，但日本原鯊和伯氏豹鯊的外表十分接近哈氏原鯊。

　　日本原鯊與哈氏原鯊同屬原鯊科，黑色斑紋的密度比哈氏原鯊高，這是外觀上唯一的不同，因此很難分辨。有學者認為哈氏原鯊純粹是日本原鯊產生突變的個體，兩者是同種生物。

　　伯氏豹鯊第一背鰭的位置與哈氏原鯊不同，明顯是不同種的生物。

　　伯氏豹鯊是長崎常見的鯊魚，分布海域與哈氏原鯊重疊，因此如果看到第一背鰭的位置在腹鰭前方，就是哈氏原鯊；位於腹鰭正上方就是伯氏豹鯊，以此區分兩者。

哈氏原鯊完整情報 File

目　名	真鯊目
科　名	原鯊科
學　名	*Proscyllium habereri*
分　布	分布於朝鮮半島、台灣、中國、東南亞等西太平洋沿岸，日本可在千葉縣以南看到其蹤跡。
棲息海域	水深 100 ～ 200m 的大陸棚上或大陸棚邊緣。
生殖方法	卵生
體型大小	最大約 65 cm

大小比較圖

Eating Data

【食物】
小型魚類、章魚、花枝、甲殼類。

【獵食策略】
一邊洄游，一邊利用味道尋找獵物，悄悄地靠近獵物捕食。有報告指出，哈氏原鯊會將躲在巢穴的獵物挖出來吃。

皺唇鯊

Banded houndshark

擁有鯊魚外表，
個性卻很溫馴的水族館常客

| 皺唇鯊簡介 |

扁平圓吻加上橢圓形銳利雙眼，以及流線身軀，從外表來看，皺唇鯊是一尾無庸置疑的鯊魚，最大特色就是灰色身體上遍布黑色鞍狀斑。

皺唇鯊全長約1.5公尺，體型不大，如果只看牠的外表，很難想像牠的個性如此溫馴。

皺唇鯊喜歡待在淺灘，經常躲在海草茂密的海底，到了晚上才開始活動，尋覓小魚和甲殼類等無脊椎動物果腹。

牠的個性相當溫和，看到人不僅不會攻擊，還會加速逃離現場。

此外，牠們適應環境的能力很強，可以待在淡水流入、溫度與日照變化劇烈的淺灘、內灣海藻林與沙泥海底生活。

由於皺唇鯊不會危害人類，又好飼育，是水族館最常飼養的鯊魚。

分布海域包括太平洋西北部沿岸，也可在日本東北部以南的沿岸見到其蹤影，潛水客有機會看到牠。第一眼看到鯊魚會讓人感到驚恐，但只要確認對方是皺唇鯊，就沒有太大危險。

日本愛媛縣金治城的護城河是從港口引進海水形成的，二〇一五年九月有人看到護城河裡有鯊魚，引起媒體關注。總結來說，皺唇鯊是日本人十分熟悉的鯊魚種類。

皺唇鯊的牙齒

皺唇鯊完整情報 File

目 名	真鯊目
科 名	皺唇鯊科
學 名	*Triakis scyllium*
分 布	分布於包括南海在內的西北太平洋，日本分布在東北以南的太平洋、日本海、東海等海域。
棲息海域	棲息於內灣、沿海的沙泥海底。
生殖方法	胎生（卵黃營養生殖）
體型大小	最大約 1.5 m

大小比較圖

Eating Data

【食物】
小魚和甲殼類等。

【獵食策略】
晚上會到淺灘獵食。

半帶皺唇鯊

Leopard shark

全球水族館的寵兒，
鞍狀紋樣十分優美的鯊魚

| 半帶皺唇鯊簡介 |

不同於棲息在日本的皺唇鯊，半帶皺唇鯊是分布在美國加州一帶，亦即美國西海岸，棲息於沿海沙泥海底、礁岩、岩地等處的鯊魚種類。

半帶皺唇鯊的牙齒十分細小，看起來很像磨泥器的細齒，以吃蝦子和小魚維生。

其最顯眼的特色就是身上的斑紋。從頭部、背部到尾鰭點綴著鑲黑邊的鞍狀斑紋，空隙處遍布斑點。

半帶皺唇鯊的牙齒

由於身上斑紋很像豹，因此英文名取為 Leopard shark。

身上的紋樣不是為了吸引別人注意，而是因為半帶皺唇鯊平時棲息在沿海沙泥海底，這個配色與圖案正好提供了最佳掩護。

半帶皺唇鯊很容易受到其他鯊魚攻擊，幼魚身上的紋樣很清楚，隨著年齡增長，斑點就會慢慢消失。

紋樣的變化也展現了半帶皺唇鯊的生態特性。

不只棲息環境，就連環境適應力，半帶皺唇鯊也跟皺唇鯊十分接近。加上身體很健康，包括日本在內，牠是全球各地水族館最常飼育的鯊魚。

半帶皺唇鯊的個性溫和，若在美國西海岸看到牠也無須擔心，基本上牠不會攻擊人類。

半帶皺唇鯊完整情報 File

目 名	真鯊目
科 名	皺唇鯊科
學 名	*Triakis semifasciata*
分 布	分布在美國西海岸，未棲息於日本。
棲息海域	內灣、沿海沙泥海底、岩礁、海藻林。
生殖方法	胎生（卵黃營養生殖）
體型大小	最大約 1.8m

大小比較圖

Eating Data

【食物】
小型硬骨魚類、蝦子等甲殼類。

【獵食策略】
嘴巴張開成圓形，以吸食的方式攝食。

白斑星鯊

Starspotted smoothhound

為了吃硬殼食物演化出
獨特牙齒的星星鯊魚

│白斑星鯊簡介│

　　灰色的背部與體側點綴著如星星般的白色小斑點，這是白斑星鯊最大的外觀特徵。分布在大西洋西北部、印度洋西部與北海道以南的日本各地海域，棲息於沿海的沙泥海底。

　　白斑星鯊屬於小型鯊魚，全長最大約 1.4 公尺，主要捕食蝦子和螃蟹，偏好貝類。

爲了吃帶有硬殼的食物，白斑星鯊的牙齒演化成平坦石塊狀，十分特別。

　　或許是因爲牠吃的食物也是人類喜歡吃的食物，白斑星鯊的肉質相當美味，常用來做成魚板等魚漿製品。

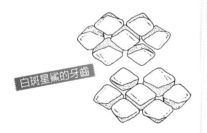

白斑星鯊的牙齒

白斑星鯊完整情報 File

目　名	真鯊目	
科　名	皺唇鯊科	
學　名	*Mustelus manazo*	
分　布	分布於南海、東海等西北太平洋、印度洋西部。日本棲息在北海道以南的各地海域。	
棲息海域	棲息在水深 200m 以淺的沙泥海底，但有時也會潛入 500m 深的海底。	
生殖方法	胎生（母體營養生殖 · 子宮乳）	
體型大小	最大約 1.4 m	

大小比較圖

Eating Data

【食物】
螃蟹類、蝦子類、貝類、花枝。

【獵食策略】
以平坦石塊狀的牙齒磨碎食物吃，有時也會吞食藏在海底泥砂中的魚。

灰星鯊

Spotless smooth-hound

東京灣也有的美味白色鯊魚

| 灰星鯊簡介 |

　　棲息於北海道以南日本沿海與南海沙泥海底的灰星鯊，不時出沒在多摩川河口，是日本人較熟悉的鯊魚種類之一。

　　除了顏色，在外觀和生態上，灰星鯊與白斑星鯊十分相近，兩者棲息地也重疊，很容易一起捕獲。不過，灰星鯊生存在南方海域，成長速度較快，已逐

漸入侵白斑星鯊的棲息地。

　　通常鯊魚帶有強烈的阿摩尼亞味，但灰星鯊不太有味道，肉質也很鮮美。可油炸，用熱水汆燙，或切成生魚片吃。

灰星鯊完整情報 File

目　名	真鯊目
科　名	皺唇鯊科
學　名	*Mustelus griseus*
分　布	分布在西北太平洋熱帶到溫帶海域，與日本北海道以南。
棲息海域	水深 20 ～ 260m 的沙泥海底。
生殖方法	胎生（母體營養生殖 · 胎盤型）
體型大小	最大約 1.1m

大小比較圖

灰星鯊的牙齒

Eating Data

【食物】
蝦子、寄居蟹、螃蟹等甲殼類。

【獵食策略】
一邊洄游，一邊循著味道接近，靠羅倫氏壺腹覓食果腹。

錘頭雙髻鯊

Smooth hammerhead

演化出靈敏的感測器與舵，
頭部宛如異形的「海中外星人」

| 錘頭雙髻鯊簡介 |

身體呈紡錘狀，帶青灰褐色，符合一般鯊魚的身體特徵，卻擁有在所有生物中十分罕見的頭部外型，這就是雙髻鯊科鯊魚的特色。目前已知的雙髻鯊科鯊魚除了錘頭雙髻鯊之外，還有無溝雙髻鯊、紅肉丫髻鮫等好幾種。

日文名シロシュモクザメ的「シュモク」指的是T字形敲鐘棒，貼切地形容錘頭雙髻鯊怪異的頭部造型。

為了配合怪異的頭型，錘頭雙髻鯊

錘頭雙髻鯊的牙齒

的眼睛位於兩側，鼻子在前端的兩側。比起兩個鼻孔在一起，分開的鼻孔可以監測大範圍的味道，鎖定獵物位置，提高獵食的精準度。此外，臉部面積較大也增加了羅倫氏壺腹（請參照 P.171）的空間，有利於獵食。話說回來，雙髻鯊科鯊魚的頭部為何是敲鐘棒的形狀？

最有力的說法是牠們的頭部帶有舵的作用。雙髻鯊科鯊魚的頭部就像潛水艇的潛航舵，可以潛入深處或浮出海面。或許因為這個緣故，雙髻鯊科鯊魚的胸鰭比其他鯊魚小。

雙髻鯊科鯊魚在外觀上很難區分，但除了錘頭雙髻鯊之外，其他鯊魚頭部的前端中央都有凹槽，因此可從頭部前端平整這一點分辨出錘頭雙髻鯊。

錘頭雙髻鯊完整情報 File

目　名	真鯊目
科　名	雙髻鯊科
學　名	*Sphyrna zygaena*
分　布	分布於太平洋、印度洋、大西洋、地中海的熱帶、亞熱帶與溫帶海域。日本分布在北海道以南各地。
棲息海域	沿海到外海海域的表層帶。
生殖方法	胎生（母體營養生殖‧胎盤型）
體型大小	最大約 4m

大小比較圖

Eating Data

【食物】
沙丁魚等硬骨魚類、頭足類、鰩魚、小型鯊魚等軟骨魚類。

【獵食策略】
利用位於頭部兩側鼻孔周邊的器官尋找食物，獵食時會用頭部將獵物壓至海底，再撕裂獵物。

紅肉丫髻鮫

Scalloped hammerhead

形成數量多達數百尾的群體，體型較大的雙髻鯊

在幾種雙髻鯊中，紅肉丫髻鮫是人類最常在熱帶海域看到的物種。

紅肉丫髻鮫成熟後過著群聚生活，數量高達數百尾，這樣的生態十分少見。每尾鯊魚會保持一定距離，一起往

相同方向前進，採取相同行動。而且會依群體中的體型大小排列。

為什麼體長將近 4 公尺的大型鯊魚需要集體行動？

原因眾說紛紜，包括提升游泳效

紅肉丫髻鮫的牙齒

率、覓食需要、完成生殖目的、易於防禦等。

首先來看提升游泳效率。紅肉丫髻鮫群聚的地方沒有海流，因此這一點不成立。至於覓食需要，紅肉丫髻鮫不會成群獵食，因此可能性也不高。

若說是為了傳宗接代，群體中很少看到未成熟的個體，因此這個說法也無法解釋集體行動的原因。如果是為了防禦凶猛的大型鯊魚，例如大白鯊、鼬鯊的攻擊，似乎也不正確。因為這些鯊魚的棲息地完全不一樣，更何況紅肉丫髻鮫體長超過 4 公尺，相當巨大，根本沒必要躲避其他鯊魚。

有鑑於此，紅肉丫髻鮫成群行動的原因至今仍是未解之謎。

紅肉丫髻鮫完整情報 File

目　名	真鯊目
科　名	雙髻鯊科
學　名	*Sphyrna lewini*
分　布	分布於太平洋、印度洋、大西洋、地中海的熱帶、亞熱帶、溫帶海域，日本則分布在青森縣以南的太平洋、日本海、伊豆群島與沖繩等地。
棲息海域	棲息在大陸、島嶼周邊的淺海到水深 800m 處，也會進入灣內淺灘或河口。
生殖方法	胎生（母體營養生殖・胎盤型）
體型大小	最大約 4.2m

大小比較圖

Eating Data

【食物】
沙丁魚、竹筴魚等硬骨魚類、鰩魚、小型鯊魚等軟骨魚類、章魚等。

【獵食策略】
利用位於頭部兩側鼻孔周邊的器官尋找食物，獵食時會用頭部將獵物壓至海底，再撕裂獵物。

窄頭雙髻鯊

Bonnethead Shark

扇形頭部竟有出乎意料的能力！

　　窄頭雙髻鯊是雙髻鯊科中體型最小的，頭部長得像扇子，可以輕鬆辨識。

　　雖然未曾在日本周邊海域看見其蹤影，但在美國大陸沿岸，研究學者正在調查其成群活動的生態。

　　窄頭雙髻鯊與紅肉丫髻鮫一樣，不僅成群結隊，還會依體型大小排列。由於此排序方式，窄頭雙髻鯊在群體裡十分隨和，但只要外敵接近，就會產生攻擊性。

　　研究學者在二〇〇一年發現窄頭雙髻鯊具有驚人能力。

窄頭雙髻鯊的牙齒

那就是雌鯊魚具有孤雌生殖的能力。美國某間水族館飼育了三尾雌性窄頭雙髻鯊，三年後其中一尾產下仔鯊。雖然水族館人員曾經懷疑地是與他種雄性鯊魚交配，或是在捕獲前交配懷孕，但研究其幼體的基因，發現幼體與母鯊的基因完全相同，由此可以確認這尾雌鯊未經交配即懷孕。

兩性交配產下的後代可以發展出多樣化基因，有助於強化物種的生存能力。處女生殖可能導致該物種數量急速減少，陷入滅亡危機，從永續繁衍的角度來看，最好不要出現這樣的情形。但研究學者認為在缺少雄性的環境下，為了傳宗接代，雌性窄頭雙髻鯊才會具備孤雌生殖的能力。

窄頭雙髻鯊完整情報 File

目　名	真鯊目
科　名	雙髻鯊科
學　名	*Sphyrna tiburo*
分　布	分布於南北美大陸的太平洋與大西洋溫帶沿岸海域，未棲息於日本。
棲息海域	棲息在水深 80m 以淺的大陸棚或沿岸海域，大多聚集於沙泥海底和珊瑚礁。
生殖方法	胎生（母體營養生殖 · 胎盤型）
體型大小	最大約 1.5m

大小比較圖

Eating Data

【食物】
甲殼類、雙殼綱貝類、章魚、小型魚類等。

【獵食策略】
以銳利前齒咬住獵物，再以平坦的後齒磨碎食用。

無溝雙髻鯊

Great hammerhead

具有洄游習性的雙髻鯊科
體型最大的鯊魚

| 無溝雙髻鯊簡介 |

　　無溝雙髻鯊是雙髻鯊科中體型最大的種，平均全長為 4～5 公尺，曾有報告指出，最大可超過 6 公尺。

　　由於棲息在外海海域，不容易在人類生活圈看見其身影。食物為大型硬骨魚類和他種鯊魚，尤其愛吃赤土魟。研究人員曾經目睹無溝雙髻鯊在海底找到赤土魟，接著以頭部壓制獵食的情景。有時也會看到遭受赤土魟反擊，棘還刺在嘴裡的無溝雙髻鯊。

此外，如今已證實無溝雙髻鯊具有夏季洄游的習性。每年夏季，無溝雙髻鯊會從佛羅里達或東海近海往北洄游。

無溝雙髻鯊的牙齒

無溝雙髻鯊完整情報 File

目　名	真鯊目
科　名	雙髻鯊科
學　名	*Sphyrna mokarran*
分　布	分布於大西洋、太平洋、印度洋的熱帶與亞熱帶海域，以及南日本海域。
棲息海域	棲息在沿岸到外海的表層帶到水深 80m 以深。
生殖方法	胎生（母體營養生殖 · 胎盤型）
體型大小	最大約 6m

大小比較圖

Eating Data

【食物】
獵食硬骨魚類、小型鯊魚類，最愛吃赤土魟。

【獵食策略】
利用位於頭部兩側鼻孔周邊的器官尋找食物，獵食時會用頭部將獵物壓至海底，再撕裂獵物。

世界各地的山寨鯊魚

看似鯊魚又不是鯊魚，令人眼花撩亂的魚類

你知道嗎？這個世界上有許多冠上鯊魚（日文漢字為鮫）之名，實際上卻不是鯊魚的「山寨鯊魚」。

「魚子醬」是家喻戶曉的頂級食材之一，魚子醬指的是鱘科（日文漢字為蝶鮫）魚類的卵。不過，鯊魚是軟骨魚類，鱘魚卻是硬骨魚類，而且是棲息在河川的淡水魚。鱘魚擁有尖尖的嘴，從尾鰭與體型來看，與鯊魚如出一轍，簡直就是一個模子印出來的。

日本人將主管或大人物身邊的跟屁蟲形容為鮣魚（日文漢字為小判鮫）。

姑且不論具有貶意的用法，鮣魚也是硬骨魚類，不是鯊魚。

魚卵被做成魚子醬的鱘魚擁有鯊魚特徵，是留存至今的古代魚，屬於硬骨魚類。

鮣魚利用吸盤吸附在大型生物上生活，經常吸附在鯊魚身上，體型也很像鯊魚。由於這個緣故，日本人以鮫來取名，事實上，鮣魚是鱸形目魚類。

　　還有一種俗名為飯匙鯊的薛氏琵琶鱝（坂田鮫），牠的頭部扁平，屬於鱝魚，不是鯊魚。一般的鱝魚全身都是扁的，而且沒有尾鰭，但薛氏琵琶鱝身體細長，還有尾鰭，因此看起來很像鯊魚。

　　此外，黑線銀鮫是軟骨魚類的一種，既不是鯊魚，也不是鱝魚。鯊魚和鱝魚都是板鰓類魚，但黑線銀鮫屬於全頭類。

　　黑線銀鮫乍看之下很像鯊魚，但上顎與頭蓋骨融為一體，沒有噴水孔，皮膚十分光滑，許多特徵與鯊魚不同。

鮣魚是鱸形目鮣科的硬骨魚類，會吸附在鯊魚、海龜或鯨魚身上共生，專吃寄生蟲、排泄物和食物殘渣。

寬紋虎鯊

Japanese bullhead shark

擁有可愛外表
卻能咬碎角蠑螺的硬殼

| 寬紋虎鯊簡介 |

　　寬紋虎鯊的日文名字爲ネコザメ，直譯是貓鯊。日本人認爲牠的頭型長得像貓，因此得名。

　　其外型是活躍於中生代的原始鯊魚，在演化至現代鯊魚過程中出現的特徵。

　　與身體相較，寬紋虎鯊的頭部顯得很大，嘴巴位於頭部腹面，前方牙齒很

尖，兩側牙齒呈臼狀，像石板路一樣地排列。寬紋虎鯊利用前齒將吸附在岩石上的角蠑螺刮下來，再用側邊牙齒咬碎硬殼，吃裡面的肉。因此，寬紋虎鯊在日本的別名是蠑螺割，完全反映角蠑螺殺手的特質。

寬紋虎鯊的牙齒

寬紋虎鯊完整情報 File

目　名	虎鯊目
科　名	虎鯊科
學　名	*Heterodontus japonicus*
分　布	分布於北太平洋亞熱帶到溫帶海域，日本到台灣之間的西太平洋溫帶海域也很常見。
棲息海域	淺海岩礁與海藻林。
生殖方法	卵生（單卵生）
體型大小	最大約 70cm

大小比較圖

Eating Data

【食物】
貝類、蝦子、螃蟹等甲殼類、海膽等。

【獵食策略】
從海底或岩縫間挖出獵物，再用拳頭般的後齒咬碎硬殼，吃裡面的肉。

澳大利亞虎鯊
Port Jackson shark

鯊魚界中
唯一可以邊呼吸邊吃飯的優雅鯊魚

| 澳大利亞虎鯊簡介

　　澳大利亞虎鯊的眼睛上方像眉毛一樣隆起。

　　臉部後方的兩側各有五個鰓裂，一般鯊魚都是從嘴巴進水，用鰓呼吸，但澳大利亞虎鯊以最前方的長鰓進水，利用剩下的四個鰓排水呼吸。因此，牠可

以一邊吃飯一邊呼吸。

此外，澳大利亞虎鯊的第一背鰭前方有粗粗的硬棘，遇到敵人攻擊時可保護自己。

澳大利亞虎鯊的牙齒

澳大利亞虎鯊完整情報 File

目　名	虎鯊目
科　名	虎鯊科
學　名	*Heterodontus portusjacksoni*
分　布	除北部之外，分布在澳洲沿岸海域與紐西蘭周邊海域，未棲息於日本。
棲息海域	沿海礁岩地帶與沙泥海底。
生殖方法	卵生（單卵生）
體型大小	最大約 1.7m
大小比較圖	

Eating Data

【食物】
貝類、蝦子、螃蟹等甲殼類、海膽等。

【獵食策略】
從海底或岩縫間挖出獵物，再用拳頭般的後齒咬碎硬殼，吃裡面的肉。

眶嵴虎鯊

Crested bullhead shark

【目名】虎鯊目
【科名】虎鯊科
【學名】*Heterodontus galeatus*
【分布】分布於澳洲東岸，未棲息於日本近海。
【棲息海域】沿海的岩礁地帶、海藻林等水深100m左右的海底。
【生殖方法】卵生（單卵生）
【體型大小】最大約 1.3m

　　除了虎鯊特有的圓形頭部之外，眼窩上方的隆起部位是眶嵴虎鯊的專屬特徵。與其他虎鯊一樣愛吃貝類與甲殼類，學者認為頭部的隆起可在獵食時保護眼睛和頭部。

佛氏虎鯊

Horn shark

【目名】虎鯊目
【科名】虎鯊科
【學名】*Heterodontus francisci*
【分布】分布於加州到墨西哥的東太平洋海域，未棲息於日本近海。
【棲息海域】水深 2 ～ 150m 的海底，喜歡岩石較多的地方。
【生殖方法】卵生（單卵生）
【體型大小】最大約 1.2m

　　這是只棲息在中北美洲西海岸的虎鯊。圓筒身軀的顏色
呈黃褐色或灰色，遍布黑色斑點。第一與第二背鰭前緣都有
強棘，用來保護自己。

近距離欣賞鯊魚的日本知名水族館

二十一處可以欣賞海中最強獵食者的場館

1 小樽水族館
北海道小樽祝津 3-303

2 仙台海之杜水族館
宮城縣仙台市宮城野區中野 4-6

3 水藍色福島水族館
福島縣磐城市小名濱字辰巳町 50

4 海洋世界茨城縣大洗水族館
茨城縣東茨城郡大洗町磯浜町 8252-3

5 鴨川海洋世界
千葉縣鴨川市東町 1464-18

6 墨田水族館
東京都墨田區押上 1-1-2

7 葛西臨海水族館
東京都江戶川區臨海町 6-2-3

8 橫濱 · 八景島海洋天堂
神奈川縣橫濱市金澤區八景島

9 新潟市水族館瑪淋匹亞日本海
新潟縣新潟市中央區西船見町 5932-445

10 能登島水族館
石川縣七尾市能登島曲町 15 部 40

11 下田海中水族館
靜岡縣下田市 3-22-31

12 東海大學海洋學部博物館
靜岡縣靜岡市清水區三保 2389

13 鳥羽水族館
三重縣鳥羽市鳥羽 3-3-6

14 海遊館
大阪府大阪市港區海岸通 1-1-10

15 神戶市立須磨海濱水族館
兵庫縣神戶市須磨區若宮町 1-3-5

16 島根縣立島根海洋館「AQUAS」
島根縣濱田市久代町 1117-2

17 下關市立下關水族館「海響館」
山口縣下關市 ARUKA PORT 6-1

18 桂濱水族館
高知縣高知市浦戶 778 桂濱公園內

19 高知縣立足摺海洋館
高知縣土佐清水市三崎字今芝 4032

20 海洋世界海之中道
福岡縣福岡市東區大字西戶崎 18-28

21 沖繩美麗海水族館
沖繩縣國頭郡本部町石川 424

日本各地水族館飼育著幾種鯊魚，遊客可在上述地方就近欣賞。除了本頁介紹的水族館之外，也有許多水族館飼養鯊魚。歡迎上官網搜尋自己想看的鯊魚種類，前往欣賞。

日本扁鯊
Japanese angelshark

鰩魚？鯊魚？
躲在沙裡傻傻分不清的扁平狀鯊魚

| 日本扁鯊簡介 |

　　日本扁鯊擁有寬大的胸鰭與腹鰭，扁平身軀就像鰩魚一樣。褐色皮膚遍布黑色斑點是海底最好的偽裝，白天牠會躲在海底沙地裡。

　　愛吃小魚和甲殼類這一點也與鰩魚一樣。不過，牠的胸鰭與頭部分開，鰓裂位置比胸鰭前面，位於體側，這些身體特徵與鰩魚明顯不同。

　　鰩魚的嘴在接觸海底的身體下方，以平坦牙齒碾碎食物。日本扁鯊的嘴

在吻部前端，嘴裡有一整排尖銳牙齒，只要獵物進入可以獵捕的範圍，牠就會以迅雷不及掩耳的速度咬住，撕裂獵物吞下肚。

同屬的星雲扁鯊無論是外表或特質都與日本扁鯊如出一轍。

兩種之間的身體特徵只有細微差異，例如日本扁鯊的噴水孔比兩眼間距大，星雲扁鯊噴水孔比兩眼間距小；日本扁鯊的胸鰭前端幾乎呈直角，星雲扁鯊的角度較大；日本扁鯊的背部有直線排列的大鱗片，星雲扁鯊背部沒有鱗⋯⋯以上差異可作為分辨依據。

日本扁鯊的牙齒

日本扁鯊完整情報 File

目　名	扁鯊目	
科　名	扁鯊科	
學　名	*Squatina japonica*	
分　布	分布於北海道南部到台灣的太平洋、日本海。	
棲息海域	水深 200m 左右大陸棚上的沙泥海底。	
生殖方法	胎生（卵黃營養生殖）	
體型大小	最大約 2m	

大小比較圖

Eating Data

【食物】
比目魚、鰈魚等底棲魚類、小型魚類、花枝、甲殼類、貝類等。

【獵食策略】
利用身上的偽裝潛入海底，當獵物接近就伸出頭部前方的嘴，以銳利的牙齒迅速咬住。

皺鰓鯊

Frill shark

鯊魚？鰻魚？
保留原始特徵的鯊魚界活化石

棲息在深海、全長將近 2 公尺的六鰓鯊目皺鰓鯊，外表近似鰻魚，給人奇特的印象，但牠特別的不只是體型而已。

皺鰓鯊被稱為活化石，換句話說，

牠還保有原始鯊魚的外觀。其中一項就是牙齒形狀。皺鰓鯊長了一整排宛如三叉矛的多尖頭牙齒。

比對牙齒與皺鰓鯊近似的生物，只有生存在三億年以前古代鯊魚化石才有

皺鰓鯊的牙齒

相同的牙齒。

鰓裂數多和長鰓也是原始鯊魚的生理特徵，鰓裂也有六對，左右兩邊的第一鰓小瓣連接在下顎部分。

不僅如此，皺鰓鯊還有一項榮獲金氏世界紀錄的能力。那就是懷孕期間。

皺鰓鯊的懷孕期間長達三年半左右，是所有動物中最長的。

經過漫長孕期生下來的皺鰓鯊，還有一項不解之謎。皺鰓鯊棲息在全球各地的大陸棚到大陸坡之間，不知什麼原因，剛出生的小鯊約長 60 公分，人類捕獲的皺鰓鯊成體卻未超過 110 公分。換句話說，人類不清楚青年期的皺鰓鯊棲息在何處。

皺鰓鯊的獨特生態充滿各種謎團。

皺鰓鯊完整情報 File

目　名	六鰓鯊目	
科　名	皺鰓鯊科	
學　名	*Chlamydoselachus anguineus*	
分　布	廣泛分布於太平洋、印度洋、大西洋亞寒帶到熱帶海域。	
棲息海域	棲息在水深 50 ～ 1500m 的大陸棚與大陸坡。	
生殖方法	胎生（卵黃營養生殖）	
體型大小	最大約 2m	

大小比較圖

Eating Data

【食物】
深海的小魚、花枝、章魚等。

【獵食策略】
張大嘴，伸長身體捕捉獵物，先用牙齒抓住獵物再吞下肚。

扁頭哈那鯊

Broadnose sevengill shark

擁有原始七鰓裂的暴烈海神

| 扁頭哈那鯊簡介 |

　　扁頭哈那鯊屬於六鰓鯊科，鰓裂比灰六鰓鯊多，共有七對。七對鰓裂只出現在扁頭哈那鯊與尖吻七鰓鯊兩種身上，是原始鯊魚的生理特徵。此外，扁頭哈那鯊只有一片背鰭，還有圓弧形下頜與梳狀齒。

　　日文名「惠比寿鮫」的惠比壽，指的是日本神話中的海神，臉上總是帶著和煦笑容。扁頭哈那鯊的短圓吻，和遍布全身及臉部的黑色斑點，與惠比壽的形象差異甚大。扁頭哈那鯊全長可超過3公尺，成群攻擊海豹，具有凶猛的一

面。惠比壽的另一層意義就是個性暴烈，從這一點來看可說是名符其實。

扁頭哈那鯊的牙齒

扁頭哈那鯊完整情報 File

目　名	六鰓鯊目	
科　名	六鰓鯊科	
學　名	*Notorynchus cepedianus*	
分　布	除北大西洋外，分布在全球亞熱帶到溫帶海域，日本則分布於相模灣以南的南日本太平洋、日本海。	
棲息海域	棲息在水深 50m 以淺的表層帶，大型個體可潛入至少 140m 處。	
生殖方法	胎生（卵黃營養生殖）	
體型大小	最大約 3m	

大小比較圖

Eating Data

【食物】
海豹、海豚等哺乳類、硬骨魚類與他種鯊魚等。

【獵食策略】
獵捕海豹等大型獵物時，會成群追趕獵物捕食。

尖吻七鰓鯊

Sharpnose sevengill shark

不與他種混淆而冠上江戶之名的深海鯊魚

| 尖吻七鰓鯊簡介 |

　　尖吻七鰓鯊有七對鰓裂與一片背鰭，保留了古代鯊魚的外型。此特徵與扁頭哈那鯊相同，不同之處在於尖吻大眼，沒有暗色斑紋，易於區分。

　　不過，其日文名稱「江戶油鮫」令人有些困擾。

　　「江戶油鮫」與「油角鮫」、「油鮫」（薩式角鯊）等鯊魚在名稱上極為類似，但牠們並非近緣種。由於東京人將其稱為油鮫，便順勢加上「江戶」二字。話說回來，在水深 300 公尺的大陸棚上，到水深 1000 公尺附近的大陸坡

都可看到尖吻七鰓鯊的身影，屬於
深海性鯊魚，因此在東京很難看到
牠。

尖吻七鰓鯊完整情報 File

目 名	六鰓鯊目	
科 名	六鰓鯊科	
學 名	*Heptranchias perlo*	
分 布	除太平洋東北部之外，幾乎全世界的溫暖海域都可看見其身影。	
棲息海域	大陸棚上到大陸坡的深海。	
生殖方法	胎生（卵黃營養生殖）	
體型大小	最大約 1.5m	

大小比較圖

尖吻七鰓鯊的牙齒

Eating Data

【食物】
章魚、花枝、硬骨魚類、鯊魚、鰩魚等軟骨魚類。

【獵食策略】
利用前端尖銳的上顎齒抓住獵物，再用下顎的梳狀齒捕食。獵食時相當積極，其他時間則不獵食。

灰六鰓鯊

Bluntnose sixgill shark

一次可產下超過百尾小魚的多子深海鯊魚

|灰六鰓鯊簡介|

　　分布在太平洋、大西洋、印度洋的熱帶、亞熱帶與溫帶海域，棲息在水深 200 公尺以深的大陸棚，灰六鰓鯊的鰓裂數較多，保留了原始鯊魚的生理特徵。

　　大多數鯊魚有五對鰓裂，灰六鰓鯊有六對，全長可達 5 公尺，在六鰓鯊科中體型最大。

　　灰六鰓鯊白天待在 1800 公尺的深海，夜間往上游至水深 30 公尺處。專家曾在牠的胃部找到小型鯊魚、鰩魚、鱈魚、旗魚等魚類，以及頭足類、甲殼

灰六鰓鯊的牙齒

類、海獅等哺乳類，還有棲息在深海的七鰓鰻、盲鰻等。

人類很少看到灰六鰓鯊，牠對人類來說還有許多未解之謎。不過，根據調查，牠雖屬於深海鯊魚，但會到淺海產下幼魚。

每年七到十一月左右，加拿大卑詩省水深 30～3 公尺海域會看到出生不久的雌性灰六鰓鯊與幼魚。

灰六鰓鯊在鯊魚界裡算是多產的物種，這一點是最值得注意的生態特性。最高紀錄一胎可生下一百零八隻胎仔。不過，此現象也反映出灰六鰓鯊幼魚的生存競爭十分激烈。

灰六鰓鯊完整情報 File

目　名	六鰓鯊目
科　名	六鰓鯊科
學　名	*Hexanchus griseus*
分　布	廣泛分布於全球海域，日本則分布在東北以南海域。
棲息海域	棲息在全球 2000m 處的深海，晚間會往上游至水深 30m 海域。
生殖方法	胎生（卵黃營養生殖）
體型大小	最大約 5m

大小比較圖

Eating Data

【食物】
獵食範圍涵蓋表層帶到深海，包括花枝、鱈魚類、鮭魚類、沙丁魚類、深海性七鰓鰻等，食物相當多樣。

【獵食策略】
以極緩慢的速度游泳，咬住獵物後，發揮下巴的強勁力道大快朵頤。

小頭睡鯊

Greenland Shark

眼睛寄宿著會發光的寄生蟲！
時速兩公里的悠閒大胃王鯊魚

| 小頭睡鯊簡介 |

　　小頭睡鯊出生時體長只有40公分，長大後可成長至 6.4 ～ 7 公尺，體型之大可媲美大白鯊。

　　小頭睡鯊棲息在水溫 2 ～ 7 度的寒冷深海海域，是全世界生存區域最北的鯊魚，自古便出現在美洲因紐特族的傳說之中。

　　英文中，睡鯊屬的鯊魚素有「sleeper shark」的暱稱。這是因為此屬鯊魚的動作十分遲緩，看起來像是「睡

著了」一般。由於牠個性溫和，遇到攻擊也不反抗，因此漁夫可以輕鬆捕獲。小頭睡鯊的泳速最高只有時速 2 公里，人類觀察到的個體游得都非常慢。

話說回來，小頭睡鯊也會吃海豹、海獅等游泳速度較快的獵物，研究學者認為牠具有瞬間爆發力，才能獵捕到游得比牠快的食物。

小頭睡鯊的另一項特色就是旺盛的食慾，而且食量很大。無論活的或死的，都是牠的盤中飧。就算牠在吃東西時頭部或身體遭到攻擊，相信也會若無其事地繼續吃。研究學者在牠的胃裡發現花枝、海豹、馴鹿、一角鯨、白鯨、北鯨豚、弓頭鯨的殘骸。

小頭睡鯊的肉有毒，人類吃下其生肉會出現類似酒精中毒的症狀，但只要晒乾、用熱水反覆煮熟就能去除毒素，仍然可以食用。

小頭睡鯊的牙齒

小頭睡鯊完整情報 File

目　名	角鯊目
科　名	夢棘鮫科
學　名	*Somniosus microcephalus*
分　布	分布於大西洋北部、北極海，未棲息於日本。
棲息海域	棲息在大陸棚到水深 1200m 的大陸坡。
生殖方法	胎生（卵黃營養生殖）
體型大小	最大超過 7.3m

大小比較圖

長吻角鯊

Shortspine spurdog

從翠綠色雙瞳一探深海祕密

| 長吻角鯊簡介 |

　　長吻角鯊出生時體長只有 20 ～ 30 公分，長大後會成長至 80 ～ 150 公分，屬於體型略小的鯊魚。主要棲息在沿海大陸棚到水深 500 公尺的中層帶海域，雖為深海鯊魚，但冬季經常出現在淺灘。

　　長吻角鯊的日文名為フトツノザメ，直譯是粗角鯊的意思。名稱由來眾說紛紜，包括其身形比一般角鯊胖，第一背鰭與第二背鰭的前方有又粗又尖的棘（角），以及在靜岡縣的富戶（音同フト）一帶最常捕獲的鯊魚種類等。

與其他角鯊科的鯊魚相較，長吻角鯊身上沒有白點，頭部較寬，但近年來又發現許多新種，愈來愈難分類。

其最明顯的特徵之一在於雙眼。

當光線照射到長吻角鯊的雙眼，位於網膜後的反射膜（反光組織）會反射光線，使雙眼散發出漂亮的翠綠色。只要微弱光線就能刺激並穿透網膜的視桿細胞，照射在後方的反射膜，再次刺激視桿細胞，讓長吻角鯊在黑暗的地方也能看得十分清楚。這項能力也能在貓等夜行性動物身上看到。

這是在黑暗深海中有效利用光線的方式，諸如歐氏荊鯊與灰六鰓鯊等棲息在黑暗深海的鯊魚也有相同能力。

長吻角鯊的牙齒

長吻角鯊完整情報 File

目　名	角鯊目
科　名	角鯊科
學　名	*Squalus mitsukurii*
分　布	分布在太平洋、澳洲南部、加勒比海北部、非洲大陸沿岸、印度洋沿岸，日本的東北以南太平洋海域也可看見其身影。
棲息海域	棲息在水深 150 ～ 600m 的大陸棚，偶爾會游至表層帶。
生殖方法	胎生（卵黃營養生殖）
體型大小	最大超過 1.5 m

大小比較圖

Eating Data ───────────

【食物】
硬骨魚類、無脊椎動物。

【獵食策略】
一邊迴游，一邊循著味道接近，靠羅倫氏壺腹覓食果腹。

長鬚棘鮫

Mandarin dogfish

宛如中國古代高官的鬍鬚是
在海底尋找獵物的利器

| 長鬚棘鮫簡介 |

　　長鬚棘鮫的全長約 1.2 公尺，圓滾滾的體型，沒有臀鰭，與長吻角鯊一樣，第一與第二背鰭前端有粗棘。

　　最明顯的特徵是吻的左右兩邊長著鬍鬚。

　　牠的鼻鬚很像中國古代高官長在嘴邊的鬍鬚，因此英文俗名取為「Mandarin shark」（官吏鯊）。

　　兩條長鼻鬚位於前鼻瓣的前方，感應靈敏度相當高，不只能感測化學物質

長鬚棘鮫的牙齒

與接觸物體，就連細微的水流變化也能完全掌握。

　　平時棲息在水深 150 ～ 400 公尺處的大陸棚與大陸坡海底附近，利用鬚鬚搜尋獵物。

　　長鬚棘鮫的上下頜齒形狀相同，刀刃狀牙齒互相密合。

　　目前研究學者尚未釐清長鬚棘鮫吃什麼，但從牙齒形狀與棲息海域推測，牠們應該是以吃底棲魚類、螃蟹等無脊椎動物為主。

　　主要棲息於紐西蘭與日本海域，偶爾會在千葉縣與神奈川縣近海捕獲，但一般很少見到，算是珍稀種。族群數量不多，人類也不常食用或利用。

長鬚棘鮫完整情報 File

目　名	角鯊目
科　名	角鯊科
學　名	*Cirrhigaleus barbifer*
分　布	分布在日本到紐西蘭的太平洋西部，日本主要棲息在南日本、沖繩海槽。
棲息海域	水深 200 ～ 500m 的大陸棚到大陸坡。
生殖方法	胎生（卵黃營養生殖）
體型大小	最大超過 1.2m

大小比較圖

Eating Data

【食物】
推測應為頭足類、螃蟹、底棲魚等。

【獵食策略】
以鼻鬚（前鼻瓣）感應海底獵物的蹤跡，發現獵物後捕食。

薩式角鯊

North pacific Spiny dogfish

常用來做生魚片和魚漿製品，
成群棲息在北日本近海的小型食用鯊魚

　　薩式角鯊富含優質肝油，背鰭上有粗棘，因此日本人將牠取名為「油角鮫」。

　　幼體時背部遍布白色斑點，但多數個體隨著年齡成長斑點會逐漸消失。

　　出生時體長只有 20 ～ 35 公分，成熟後的雄魚長至 70 ～ 75 公分，雌魚長至 75 ～ 90 公分，最大的薩式角鯊可達 1.2 公尺。不過，薩式角鯊的成長速度比其他鯊魚緩慢，花十年才能達到性成

熟。

薩式角鯊偏好寒冷海域，大多分布在美國西岸北部、日本東北地方與北海道。主要吃小魚、磷蝦類、花枝與章魚等無脊椎動物，獵食時成群行動，因此也會吃體型比自己大的鮭魚或鱈魚。

薩式角鯊很難飼育，但依雌雄性別與體型大小形成大型魚群洄游，容易大量捕撈，是許多研究者或學生進行實驗、研究的對象。

由於這個緣故，人類雖對角鯊科鯊魚不甚了解，卻對薩式角鯊知之甚詳。

在所有鯊魚中，薩式角鯊的肉質相當美味，日本人將牠拿來做魚漿製品，是很重要的食用類鯊魚。

薩式角鯊的牙齒

薩式角鯊完整情報File

目　名	角鯊目	
科　名	角鯊科	
學　名	*Squalus suckleyi*	
分　布	分布在太平洋、大西洋沿岸的冷水海域，以及日本千葉縣以北的太平洋海域、山口縣以北的日本海海域、鄂霍次克海。	
棲息海域	水深近900m的大陸棚。無法存活在水溫超過15度的海域。	
生殖方法	胎生（卵黃營養生殖）	
體型大小	最大超過1.2m	

大小比較圖

Eating Data

【食物】
花枝、章魚、甲殼類、海葵、沙丁魚類、鱈魚、鮭魚、鰈魚類等魚類。

【獵食策略】
在自然狀態下生活的數千尾個體形成龐大群體，一起獵食獵物。

硬背侏儒鯊

Pygmy shark

一天來回深海與表層的全球最小鯊魚

　　硬背侏儒鯊體長只有23～27公分，顧名思義，是所有鯊魚種類中最小的物種，幾乎每天生活在水深2000公尺的深海。入夜後往上游至200公尺處，獵捕蝦子等甲殼類、花枝和魚類果腹。

　　其外型與其他深海鯊魚一樣，擁有大大的雙眼，細長的身體和船槳般的尾鰭，小小的背鰭長在身體後方。

　　硬背侏儒鯊的腹部有發光器官，可

在黑暗中發光，是其最大的生理特徵。發光不僅能掩飾牠的身影，還能吸引獵物靠近。

不過，由於人類無法一次捕獲大量硬背休儒鯊，尚無法釐清生態狀況。對人類來說，硬背休儒鯊可說是「夢幻鯊魚」。

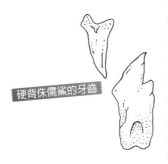

硬背休儒鯊的牙齒

硬背休儒鯊完整情報 File

目　名	角鯊目
科　名	鎧鯊科
學　名	*Euprotomicrus bispinatus*
分　布	分布在全球的熱帶、亞熱帶海域，日本近海未曾發現其蹤影。
棲息海域	棲息在外海表層到深層洋帶，白天在水深 2000m 處活動，夜間游至表層覓食。
生殖方法	胎生（卵黃營養生殖）
體型大小	最大約 27cm

大小比較圖

Eating Data

【食物】
魚類、花枝、蝦子等甲殼類。

【獵食策略】
一般認為其利用腹部的發光器官吸引獵物，再予以獵食。

鎧鯊

Kitefin shark

擁有如鎧甲般牙齒的深海賣藥郎

| 鎧鯊簡介 |

　　鎧鯊張嘴時可看到下頜齒宛如鎧甲般排列。

　　鎧鯊的上下頜牙齒形狀不同，上頜齒又細又短，下頜齒較大，邊緣呈鋸齒狀。主要以花枝、章魚、甲殼類、魚類等食物維生。

　　雖然外表長得很可愛，但個性十分凶猛。面對鯨魚或體型比自己大的鯊魚也不畏懼，照樣吃下肚。

　　為了潛入較深的海底，鎧鯊的肝臟

含有大量優質肝油。歐洲國家爲了萃取肝油，曾經濫捕濫殺，導致數量銳減，如今已限制捕撈。

鎧鯊完整情報 File

目 名	角鯊目
科 名	鎧鯊科
學 名	*Dalatias licha*
分 布	分布在西部太平洋、印度洋、大西洋，以及南日本的太平洋海域。
棲息海域	水深40～1800m的大陸棚、大陸坡與中層帶海域。
生殖方法	胎生（卵黃營養生殖）
體型大小	最大約 1.8m

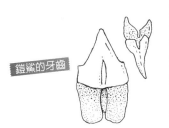

鎧鯊的牙齒

大小比較圖

Eating Data

【食物】
甲殼類、頭足類、魚類。

【獵食策略】
緊咬大型獵物，利用短窄的上頜齒與鋸齒狀的下頜齒撕下獵物的肉食用。

雪茄達摩鯊

Cookie-cutter shark

宛如餅乾烤模，
完整刨出獵物肉的藝術家

雖然名叫達摩（不倒翁），身形卻呈細長圓筒狀，體長只有 50 公分的小型深海鯊魚。

主要吃小魚和大型浮游生物，但偶爾也吃大型動物。

雪茄達摩鯊的上頜齒呈尖刺狀，下頜齒為三角形板狀尖牙，牙齒長得十分密集，下頜齒更是排成半圓形鋸子狀。

有趣的是，雪茄達摩鯊的牙齒會定期成排脫落。

雪茄達摩鯊的英文名為Cookie-cutter shark，直譯是餅乾烤模鯊魚。此名稱的由來與其獵食方式有關。當牠用自己的牙齒咬住獵物，例如鮪魚、鯨魚或海豚等大型動物，就會轉動自己的身體，刨出一口分量的肉來吃。

此時獵物身上就像麵團被餅乾烤模壓過般，出現一塊 3 ～ 6 公分的半圓形凹洞。這就是雪茄達摩鯊獨特的咬痕。

雪茄達摩鯊分布在太平洋、印度洋、大西洋等全球溫帶與熱帶海域的中層帶，很難捕獲，因此人類很少對其進行研究，生態特性也不明朗。

雪茄達摩鯊的牙齒

雪茄達摩鯊完整情報 File

目　名	角鯊目
科　名	鎧鯊科
學　名	*Isistius brasiliensis*
分　布	分布在全球溫帶與熱帶海域，日本目前只在太平洋海域發現其蹤跡。
棲息海域	棲息在島嶼附近與外海的深海，夜間往上游至表層帶附近。
生殖方法	胎生（卵黃營養生殖）
體型大小	最大約 50cm

大小比較圖

歐氏荊鯊

Roughskin dogfish

由下往上摸會被大鱗片刮傷，
繁殖力超強的深海霸王

| 歐氏荊鯊簡介 |

　　歐氏荊鯊出生時體長 30 公分，雄鯊可長至 70 公分左右，成體雌鯊約 1 公尺長，屬於中型深海鯊魚。日本分布在高知、關東、沖繩群島，水深 600 ～ 700 公尺海域。在棲息的水深帶中，歐氏荊鯊算是個體數較多的物種，但人類對於其行動與生態幾乎完全不了解。

　　與其他魚類相較，歐氏荊鯊的優勢包括身體上的鱗片可以保護自己，精子又大又強，一次可產下三十五尾幼魚。

　　不過，由於歐氏荊鯊較容易捕獲，目前面臨絕種危機。

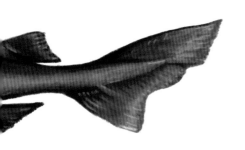

歐氏荊鯊完整情報 File

目　名	角鯊目
科　名	黑棘鮫科
學　名	*Centroscymnus owstonii*
分　布	分布在西部太平洋、東南太平洋、大西洋，以及日本關東以南的太平洋海域。
棲息海域	棲息在大陸坡、海底山等水深 400 ～ 1500m 處。
生殖方法	胎生（卵黃營養生殖）
體型大小	最大約 1.2m

大小比較圖

歐氏荊鯊的牙齒

Eating Data

【食物】
硬骨魚類、花枝、章魚。

【獵食策略】
發現獵物會悄悄靠近，趁其不備迅速咬住吞下肚。

烏鯊

Blackbelly lanternshark

在漆黑深海中自行發光的神祕鯊魚

| 烏鯊簡介 |

烏鯊的日文雖是「フジクジラ」，卻不是鯨魚，而是真正的鯊魚。全長只有30～50公分，身形小巧，與鯨魚的形象相差甚遠。黑色身體加上一雙大眼，背鰭前方有刺，體表還有像銳利指甲片突出的鱗。

其最大特徵就是像硬背侏儒鯊一般擁有發光器官。烏鯊的腹部有杯狀發光

器，其細胞與色素細胞可發揮
鏡片作用，調節光線量。

　　烏鯊利用發光器官吸引燈
籠魚類等小魚靠近，趁隙吃下
肚。

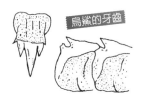

烏鯊的牙齒

烏鯊完整情報 File

目　名	角鯊目	
科　名	燈籠棘鮫科	
學　名	*Etmopterus lucifer*	
分　布	分布在西太平洋、澳洲、紐西蘭、南太平洋，以及日本北海道以南太平洋海域。	
棲息海域	棲息在大陸棚到水深 500m 的海底附近。	
生殖方法	胎生（卵黃營養生殖）	
體型大小	最大約 50cm	

大小比較圖

Eating Data

【食物】
花枝、甲殼類、沙丁魚等小魚。

【獵食策略】
推測透過自體發光吸引獵物靠近捕食，實際狀況並不清楚。

日本尖背角鯊

Japanese roughshark

擁有表層如磨泥器的僵硬皮膚和豬鼻子，
謎樣的三角鯊魚

日本尖背角鯊是一九八五年首次在日本駿河灣發現的鯊魚。

體表覆蓋一層如磨泥器的鱗片，摸起來又大又粗，由於這個緣故，日本人將牠稱為「磨泥器鯊魚」。

背部中央的第一背鰭如船帆矗立，形狀相當特別，從旁邊看就像一個三角形。第一背鰭與後方的第二背鰭，這兩個鰭的前方都有利棘。

此外，從正面看鼻孔很大，很像

豬鼻子。加上眼睛為藍色，白色的嘴巴很小巧，看起來有些可愛。小嘴張開後，可看到又細又直的上頜齒，與外型如劍、寬度較寬的下頜齒。

話說回來，自從日本人發現第一尾日本尖背角鯊後，很少發現新的日本尖背角鯊，可說是十分罕見的物種。二〇一四年，日本人又在駿河灣 250 公尺處的深海，利用拖網捕獲到活的日本尖背角鯊。這只是人類捕獲的第十起。

當時沼津港深海水族館餵食牠各種食物，但牠絲毫不為所動，捕獲後第九天便宣告死亡。

由於這個緣故，人類到現在還不清楚日本尖背角鯊吃哪些食物。

簡單來說，日本尖背角鯊的生態至今仍是一個謎。

日本尖背角鯊的牙齒

日本尖背角鯊完整情報 File

目　名	角鯊目	
科　名	粗皮棘鮫科	
學　名	*Oxynotus japonicus*	
分　布	五種分布在北半球，日本只在駿河灣看見其蹤影。	
棲息海域	水深 225 ～ 350m。	
生殖方法	胎生（卵黃營養生殖）	
體型大小	最大約 65cm	

大小比較圖

Eating Data

【食物】
底棲性魚類與無脊椎動物？

【獵食策略】
在人類飼育的九天之間，不吃人類給的任何食物便死去，因此尚不清楚其如何獵食。

日本鋸鯊

Japanese Sawshark

宛如會游泳的鋸子，
多用途鼻尖既可當武器又可當工具

| 日本鋸鯊簡介 |

　　日本鋸鯊分布在北海道南部以南到台灣、中國等溫帶、亞熱帶海域，擁有細長扁平的體型，帶有大小尖刺、如「鋸子」般的吻。全長 1.5 公尺，吻就占了四分之一左右。鋸齒狀的吻下方還有兩條長長的鬍鬚，用來感應食物和水流變化。

　　不過，這鋸齒狀的吻不是用來切割東西，而是為了在泥沙中挖出獵物，或是勾出獵物後將其壓制。換句話說，吻

的作用是獵食，也可用來揮舞，保護自己。

人類過去不清楚日本鋸鯊的吻有何作用，直到二○一四年十二月，沖繩美麗海水族館拍到牠用吻抓住獵物，將獵物送至嘴裡的模樣，掀起一陣討論話題。

日本鋸鯊白天十分溫馴，大多待在海底休息，到了晚上便開始活動，四處覓食。

日本鋸鯊約有八個近緣種，形態與生態都很類似。分布在古巴以北、巴哈馬、佛羅里達半島沿岸的巴哈馬鋸鯊同樣擁有長吻，占體長的四分之一到三分之一。

日本鋸鯊的下顎、頭蓋骨與部分脊椎骨的生理特徵近似鱝魚，因此有些學者大膽假設，鋸鯊目的鯊魚是鯊魚演化至鱝魚的過程中誕生的。

日本鋸鯊的牙齒

日本鋸鯊完整情報 File

目 名	鋸鯊目	
科 名	鋸鯊科	
學 名	*Pristiophorus japonicus*	
分 布	分布在北海道南部以南的太平洋、日本海、東海與南海。	
棲息海域	棲息在淺海到水深 800m 的大陸棚與大陸坡。	
生殖方法	胎生（卵黃營養生殖）	
體型大小	最大約 1.5m	

大小比較圖

Eating Data

【食物】
小魚、蝦子等甲殼類。

【獵食策略】
利用鋸齒狀的吻感應獵物動靜，再用前端纏住獵物，送進嘴裡。

鯨鯊

Whale shark

鯨鯊的牙齒

鯨鯊完整情報 File

目　名	鬚鮫目
科　名	鯨鯊科
學　名	*Rhincodon typus*
分　布	分布在太平洋、印度洋、大西洋的熱帶、亞熱帶和溫帶海域，以及日本青森縣以南的太平洋、日本海海域。
棲息海域	棲息在沿岸到外海表層帶，偶爾會潛入水深 1300m 處的深海。
生殖方法	胎生（卵黃營養生殖）
體型大小	最大約 13.7m

大小比較圖

擁有驚人吸力，
將獵物一口氣吸入嘴裡的最大型鯊魚

人類尚未實際測量鯨鯊的全長與體重，但根據推測，成熟個體的全長可超過 13 公尺，體重可達 13.6 噸。此外，有人目擊過全長超過 18 公尺的鯨鯊，儘管是目測，數值不夠精準，但由此可見，不只是鯊魚界，鯨鯊是所有現存魚類體型最大的。

碩大的身體有三條隆起線，灰青色與綠色的背面遍布著白色與黃色斑點。

鯨鯊個性十分溫馴。一般人聽到鯊魚，最先聯想到凶猛的印象，但鯨鯊真的很溫和，即使潛水客接近，牠也不會攻擊。

大容量過濾器吃下大把食物

巨大顎部排列著三百列以上的牙齒，每顆牙齒都像米粒一樣小，因此鯨鯊無法撕咬敵人或獵物。牠的牙齒特化成無法咀嚼食物的形狀。

鯨鯊屬於少數的濾食性鯊魚之一，專吃浮游生物、小蝦等甲殼類、花枝和小魚。

鯨鯊棲息的海域同時存在著以浮游生物為食的沙丁魚，以及吃沙丁魚的鰹魚。因此，只要看到鯨鯊，漁夫們就知

在攝餌場成群
獵食的鯨鯊。

Eating Data

【食物】
浮游生物等浮游性無脊椎動物、小魚、海藻等。

【獵食策略】
張開大嘴游進浮游生物群聚的海域，或連同浮游生物吸進大量海水，排出海水，只吞食浮游生物。

道今天可以捕撈到大量鰹魚。由於這個緣故，鯨鯊自古就有「大漁豐收之神」的美譽，備受日本人尊崇，可說是與日本人淵源頗深的鯊魚。

為了覓食四處洄游的巨大鯊魚

鯨鯊與豹紋鯊同屬鬚鮫目，但兩者擁有截然不同的生理特徵。

鬚鮫目少有體型碩大的鯊魚，但鯨鯊體型十分巨大。此外，鬚鮫目鯊魚大多安靜地待在海底，但鯨鯊尾巴形狀不同，可以四處洄游。

鬚鮫目鯊魚為了吃海底生物，嘴巴朝下張開，但鯨鯊的嘴巴在頭部前端，朝前方張開。

鯨鯊游泳時會張開大嘴，喝下大量的水，同時吸進大量浮游生物。接著將水從鰓裂排出，吞下浮游生物。

鯨鯊分布在全球熱帶到溫帶的溫暖海域，不過，未棲息在地中海。鯨鯊為了覓食持續洄游，來往於外海和沿岸，偶爾還會浮上水面。

鯨鯊的生殖方法目前尚未釐清，但雌鯊腹中懷有三百尾胎仔，一直到長成小魚才會誕生，因此研究學者認為鯨鯊應該屬於卵黃營養生殖型的鯊魚。

和鯊魚游泳

可與鯊魚共游的潛水海域

已經無法滿足於在水族館欣賞鯊魚的人,不妨到特定地方潛水,近距離欣賞野生鯊魚,和野生鯊魚共游。

日本的與那國島、伊豆神子元島可看見成群的紅肉丫髻鮫。運氣好的話,可在流動迅速的海潮中,看到幾百尾紅肉丫髻鮫從你的頭上游過,相信你一定會感到相當興奮。

此外,在小笠原群島還可進入沙虎鯊棲息的洞穴。經常露出銳利尖牙的沙虎鯊靜靜待在黑暗洞穴裡,眼睛散發光芒,看起來十分恐怖,其實牠的個性相當溫馴。只要慢慢往前,不要驚動牠,就能游到牠身邊。沖繩近海還能看見最受歡迎的巨型鯨鯊。

除此之外,日本沿岸棲息著虎鯊、灰三齒鯊、陰影絨毛鯊、日本鬚鯊等底棲種鯊魚,可輕鬆觀察野生鯊魚的生態。

想進一步享受刺激的人,不妨到南非或夏威夷參加鯊籠潛水(Shark Cage Diving)。

鯊籠潛水指的是遊客待在鐵籠裡,隨著鐵籠潛入水中,近距離欣賞大白鯊、直翅真鯊、高鰭真鯊、鼬鯊等在水中優游的模樣。

無論去哪個地點,鯊魚的棲息海域會因季節不同而改變,亦需要高超的潛水技術。想要親身感受鯊魚的震撼性魅力,不妨前往一遊。

鉸口鯊
Nurse shark

個性穩定，
可坐在背上一起遨遊的鯊魚

| 鉸口鯊簡介 |

鉸口鯊的頭部又寬又扁，吻的下方有兩條鬍鬚，用來尋找獵物。

體長約有 3 公尺，個性相當溫馴，潛水客可輕鬆接近。

此外，鉸口鯊可在海底維持呼吸，因此白天幾乎躺在海中洞穴或岩地休息，到了夜晚才開始出來覓食。利用超強吸力將章魚、花枝、魚類等食物吸入

口中。

　由於鉸口鯊個體數量較多，容易飼育，是水族館常見的鯊魚種類。

鉸口鯊完整情報 File

目　名	鬚鮫目	
科　名	鉸口鯊科	
學　名	*Ginglymostoma cirratum*	
分　布	分布在太平洋東部、大西洋西部、非洲西海岸的熱帶、亞熱帶海域，未棲息於日本近海。	
棲息海域	珊瑚礁、岩地、潟湖等沙泥地質淺海。	
生殖方法	胎生（卵黃營養生殖）	
體型大小	最大約 3m	

大小比較圖

鉸口鯊的牙齒

Eating Data

【食物】
貝類、魚類、甲殼類。

【獵食策略】
主要在夜間活動，於海底堆積物發現獵物，就會張開大嘴，利用超強吸力吸食獵物。下顎力量很強，可將貝殼中的肉吸取出來。

鏽鬚鮫

Tawny nurse shark

每天都要回家！
體型碩大、心思細膩的鯊魚

| 鏽鬚鮫簡介 |

鏽鬚鮫體長約 2.5～3 公尺，身體很大，眼睛很小，還有櫻桃小嘴，嘴邊有肉質狀髯鬚，可愛的臉龐是其最大特徵。

屬於夜行性鯊魚，和同科的銨口鯊一樣，白天成群棲息在珊瑚礁或岩地休息，到了夜晚便在石珊瑚群洄游覓食。髯鬚是牠的感覺器官，利用髯鬚尋找睡

眼中的魚、甲殼類、章魚等食物，一發現食物就張開小嘴，迅速將食物吸進口中。

行動範圍很小，覓食完畢後一定會回到原本的住處。

鏽鬚鮫完整情報 File

目　名	鬚鮫目	
科　名	絞口鯊科	
學　名	*Nebrius ferrugineus*	
分　布	棲息在西部太平洋、印度洋的熱帶到亞熱帶海域，日本只有琉球群島可發現其蹤跡。	
棲息海域	水深 5～30m 的珊瑚礁、岩地、沙泥地。	
生殖方法	胎生（母體營養生殖·食卵性）	
體型大小	最大約 3.2m	

鏽鬚鮫的牙齒

大小比較圖

Eating Data

【食物】
章魚、甲殼類、海膽、魚類。

【獵食策略】
主要在夜間覓食。透過感覺器官鬚鬚找出潛藏於岩地的獵物，一發現獵物就張開嘴，一口氣將食物吸進嘴裡。

條紋斑竹鯊

Whitespotted bambooshark

水族館常客，
體表白斑十分優美的觀賞用溫馴鯊魚

| 條紋斑竹鯊簡介 |

　　條紋斑竹鯊與鯨鯊同屬鬚鮫目，但體長只有 90 公分左右，屬於身形細長的鯊魚。

　　嘴上有跟鏽鬚鮫一樣的鬍鬚，第一背鰭位置略後，位於腹鰭上方。此外，

身體上遍布著白色斑點，是其名稱由來。

　　廣泛棲息在南日本的太平洋沿岸到東海、印度洋、馬達加斯加等地的淺海珊瑚礁和岩礁，平時在海底匍匐慢游，

必要時動作十分迅速。

屬於夜行性動物，白天很少活動，靜靜待在岩石間。到了夜晚開始出來覓食，主要吃小魚、蝦子等甲殼類、軟體動物等無脊椎動物，不會攻擊人類。

身形小巧，體表圖案優美，也能輕鬆養在水族箱裡，是很受歡迎的觀賞魚。不只水族館，也能在熱帶魚店看見其蹤影。

儘管已確定條紋斑竹鯊是卵生，但在自然界的繁殖生態尚未釐清。過去稱為天竺鯊的物種未分布在日本海域，因此日本人有時會將條紋斑竹鯊稱為天竺鯊。

條紋斑竹鯊的牙齒

條紋斑竹鯊完整情報 File

目　　名	鬚鮫目
科　　名	天竺鯊科
學　　名	*Chiloscyllium plagiosum*
分　　布	分布在西北太平洋、東北印度洋的熱帶、亞熱帶海域，以及南日本以南的太平洋沿岸。
棲息海域	淺海珊瑚礁與岩礁。
生殖方法	卵生（單卵生）
體型大小	最大約 1 m

大小比較圖

Eating Data

【食物】
小型魚類、甲殼類、章魚等。

【獵食策略】
在珊瑚礁與岩地出沒，尋找獵物，迅速捕獲從岩縫間跑出來的獵物。

肩章鯊

Epaulette shark

以胸鰭爲足在海底漫步的鯊魚

　　肩章鯊屬於小型天竺鯊科鯊魚，全長只有 60 公分到 1 公尺。

　　外表特徵包括胸鰭上方的鰓裂後有一個大黑斑紋，圍著一圈白邊。此圓形斑紋看起來很像眼睛，遇到大型獵食者時可用來恫嚇對方。

　　肩章鯊的英文名爲「Epaulette shark」，Epaulette 是十八到二十世紀西方軍隊裡高級將校戴的肩章。肩章鯊的斑紋外觀很像肩章，因此英文和日文名稱皆以此取名。

　　肩章鯊最有名的就是牠會走路。牠

可用胸鰭與腹鰭支撐身體，扭動身軀前進覓食。

　　與其說是「走路」，以「匍匐前進」來形容更為貼切。其他鯊魚只會游泳，肩章鯊的身體構造使牠能用支撐胸鰭的軟骨，像關節般自由行動。不僅如此，位於胸鰭前方的軟骨並排在一起，發展出發達的肌肉。

　　平時棲息在澳洲、新幾內亞淺海的珊瑚礁裡，雖然日本不是牠的棲息地，亦可在水族館中見到牠的身影。

肩章鯊的牙齒

肩章鯊完整情報 File

目　名	鬚鮫目
科　名	天竺鯊科
學　名	*Hemiscyllium ocellatum*
分　布	棲息在澳洲北部到新幾內亞海域，未棲息於日本。
棲息海域	珊瑚礁與潮池等淺灘。
生殖方法	卵生（單卵生）
體型大小	最大約 1.1m

大小比較圖

Eating Data

【食物】
小型無脊椎動物。

【獵食策略】
主要在夜間活動，行走於珊瑚礁之間覓食，迅速捕獲從岩縫間跑出來的獵物。

豹紋鯊

Zebra shark

全身都是豹紋還配戴長形飾品的華麗鯊魚

豹紋鯊簡介

　　鬚鮫目的鯊魚有許多種的外觀看起來不像「鯊魚」，豹紋鯊就是其中一例。

　　黃褐色的身體遍布黑色小斑紋，因此稱為「Zebra shark」。體型也很特別，頭部又平又圓，吻部也很短。另一方面，尾鰭長度占身體的一半，上葉十分發達。

　　提到長尾，一般人最常聯想到長尾鯊，但長尾鯊的尾巴有明確作用，豹紋鯊的尾巴卻不知有何功能。

　　豹紋鯊分布於西部太平洋、印度洋的熱帶到亞熱帶，以及日本海與南日本

等沿海海域的珊瑚礁、岩地、沙泥海底。

豹紋鯊幾乎一整天都用發達的胸鰭支撐身體，在海底休息，到了夜晚就出沒在岩地和珊瑚礁覓食，尋找睡眠中的魚、軟體類、甲殼類與棘皮動物，連同海水一起吸進嘴裡。雖然經常游泳，但基於身體高度和長度未達平衡的緣故，游泳效率並不高。

幼魚的身體為黃色與黑色條紋，隨著年紀成長轉換成米黃色且遍布花形斑點，看來就像豹紋。雖對人類無害，但人類喜歡捕撈。

豹紋鯊的牙齒

豹紋鯊完整情報 File

目 名	鬚鮫目
科 名	豹紋鯊科
學 名	*Stegostoma fasciatum*
分 布	分布在西部太平洋、印度洋、紅海的熱帶、亞熱帶海域，以及日本的日本海與南日本一帶。
棲息海域	棲息在潮間帶到沿岸一帶，珊瑚礁、岩地與水深 60m 處的沙泥海底。
生殖方法	卵生（單卵生）
體型大小	最大約 3.5m

大小比較圖

Eating Data ───────────

【食物】
魚類、章魚、甲殼類、貝類等。

【獵食策略】
利用纖細柔軟的身體，鑽進岩地或珊瑚礁等狹窄空間，將獵物吸進嘴裡。

葉鬚鯊

Tasselled wobbegong

隱身於周遭景物，
利用鬍鬚吸引獵物的海底策士

| 葉鬚鯊簡介 |

鬚鯊全長約 1.1 公尺，體型扁平穩重，嘴巴附近有葉狀鬍鬚，體色繽紛，與周遭極為相似，是一種獵食時善於利用擬態吸引獵物靠近的鯊魚。

葉鬚鯊是鬚鯊的一種，棲息在西部太平洋、澳洲北部到印尼東部、巴布亞紐幾內亞等地的淺海海域。嘴巴四周長著無數鬍鬚，身上覆蓋著馬賽克狀不規則斑點，可與周遭環境進行擬態。

不僅如此，鬚鯊類的鯊魚可透過噴

葉鬚鯊的牙齒

水口吸取含有氧氣的海水，無須持續游動。牠在海底偽裝成海底堆積物，一整天動也不動。

　　白天在海底捕食從身邊經過的獵物。獵物在未察覺葉鬚鯊的狀態下靠近，葉鬚鯊看準時機迅速張開大嘴，伸出排列利齒的雙顎，將獵物吸入嘴裡。此外，到了夜晚，葉鬚鯊便開始活動，積極覓食。

　　葉鬚鯊主要吃螃蟹、龍蝦等大型甲殼類、花枝、章魚、魚類等身體柔軟的生物。目前已經證實，葉鬚鯊也會吃點紋斑竹鯊這類小型鯊魚。

葉鬚鯊完整情報 File

目　名	鬚鮫目
科　名	鬚鮫科
學　名	*Eucrossorhinus dasypogon*
分　布	分布在澳洲北部、新幾內亞、印尼，未棲息於日本。
棲息海域	珊瑚礁等淺海底。
生殖方法	胎生（卵黃營養生殖？）
體型大小	最大約 1.2m

大小比較圖

Eating Data

【食物】
魚類、蝦子等甲殼類。

【獵食策略】
隱身海底，利用鬚狀突起吸引獵物靠近。只要獵物靠近，便立刻張口吞食獵物。

斑紋鬚鯊

Spotted wobbegong

鬚鯊科中體型最大，
人類也會誤入陷阱的海底怪獸

| 斑紋鬚鯊簡介 |

斑紋鬚鯊是鬚鯊科十種鯊魚中體型最大的，雖未經過研究證實，但斑紋鬚鯊最大可超過 3 公尺。分布在澳洲南部，顧名思義，身體遍布著雲朵般的白色斑紋。嘴巴兩邊長著海藻般的鬍鬚，身體顏色與周遭景色接近，是最好的保護色。

斑紋鬚鯊屬於夜行性動物，平時在海底靜止不動，當獵物毫無警覺地經過牠身邊，牠就會立刻飛身獵食。這一點

與其他鬚鯊科鯊魚相同。主食為龍蝦、螃蟹類、鰈魚類、褐菖鮋類、章魚等底棲性魚類。不只自己的體型比其他鬚鯊科鯊魚大，就連食物體型也大一些。

斑紋鬚鯊完整情報 File

目　名	鬚鮫目	
科　名	鬚鯊科	
學　名	*Orectolobus maculatus*	
分　布	分布在西澳以南到格陵蘭州南部，未棲息於日本。	
棲息海域	從潮間帶到水深 100m 一帶的海底。	
生殖方法	胎生（卵黃營養生殖）	
體型大小	最大約 3m（通常只成長到 1.7m）	

大小比較圖

斑紋鬚鯊的牙齒

Eating Data

【食物】
蝦子、螃蟹、章魚、褐菖鮋類、鰈魚類等魚類。

【獵食策略】
潛入海底，利用保護色與周遭景色融為一體。一旦獵物接近便伸出雙顎，發揮強烈吸力將獵物吸入口中。

Chapter 2

鯊魚學

從大白鯊解讀鯊魚生態

鯊魚種類和辨別方法

全球超過五百種鯊魚以何種方法分類？

按照生物學理論解讀鯊魚，鯊魚應該是「體表覆蓋一層盾鱗（請參照 P.170），體側有五到七對鰓裂。依種的不同分為卵生與胎生，屬於肉食性魚類。」

雖說鯊魚是魚類，但其生理特徵與鮪魚、鯉魚等魚類差異甚大。生物學上，鯊魚和鱝魚同屬脊索動物門軟骨魚綱底下，板鰓亞綱的魚類。簡單來說，鯊魚全身的骨骼並非硬骨，而是軟骨。

研究學者認為這一點是古代魚的生理特徵。

另一個與其他板鰓亞綱魚類最大的不同，就是鰓裂完全暴露在外。話說回來，鯊魚和鱝魚究竟有何不同？最明顯的差異就在鰓裂位置。鯊魚一定有部分鰓裂位於體側，鱝魚的鰓裂位於頭部腹面。

鯊魚的多樣性也是其特徵之一。從最大的魚類鯨鯊，到最小的鯊魚阿里擬角鯊，目前已知鯊魚有五百種左右，再細分成八目三十四科。

其中最具代表性的鯊魚是鼠鯊目下的大白鯊，接下來將以大白鯊為例，揭開鯊魚的真實樣貌。

Point!

- 鯊魚和鱝魚同屬板鰓亞綱，鰓裂完全暴露在外。
- 鯊魚和鱝魚的不同在於鰓裂位置。
- 目前已知鯊魚約有 540 種，細分為 8 目 34 科。

鯊魚事件
File
❶

紐澤西
鯊魚攻擊事件

1916 年 7 月 1 日到 12 日，美國紐澤西度假勝地的海岸與附近河川，連續發生鯊魚攻擊人類，導致四名男性死亡的事件。

7 月 14 日，一搜漁船捕撈到一尾全長 2.5m 的大白鯊，官方人員在牠的胃部找到類似人骨的遺骸，因此認定牠就是那四起攻擊事件的元凶，騷動就此落幕。

遺憾的是，當時的鯊魚研究並不發達，分類方式也模糊不清。有人認為由於大白鯊無法在淡水存活，因此在河川攻擊人類的絕對不是大白鯊。

● 鯊魚種類和辨別方法

【鯊魚】

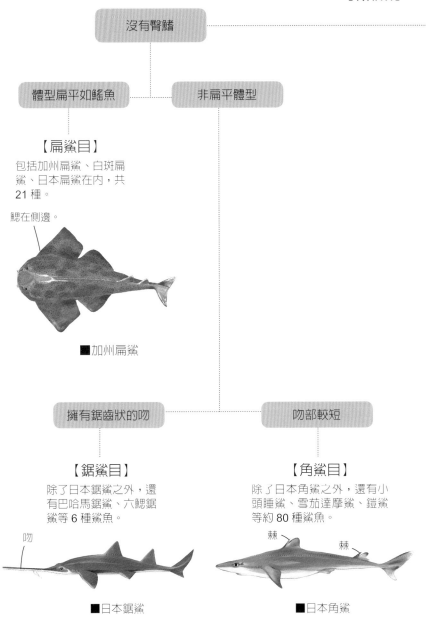

沒有臀鰭

體型扁平如鰩魚 .... 非扁平體型

【扁鯊目】

包括加州扁鯊、白斑扁
鯊、日本扁鯊在內，共
21 種。

鰓在側邊。

■加州扁鯊

擁有鋸齒狀的吻 .... 吻部較短

【鋸鯊目】

除了日本鋸鯊之外，還
有巴哈馬鋸鯊、六鰓鋸
鯊等 6 種鯊魚。

吻

■日本鋸鯊

【角鯊目】

除了日本角鯊之外，還有小
頭睡鯊、雪茄達摩鯊、鎧鯊
等約 80 種鯊魚。

棘　　　棘

■日本角鯊

有臀鰭

6～7對鰓裂
1對背鰭

【六鰓鯊目】
包括皺鰓鯊、灰六鰓鯊、
扁頭哈那鯊在內共 6 種。

鰓裂

■皺鰓鯊

背鰭有棘

【虎鯊目】
包括寬紋虎鯊、澳大利
亞虎鯊、眶嵴虎鯊、墨
西哥虎鯊在內，共 9 種。

背鰭

鰓裂

■澳大利亞虎鯊

無瞬膜
有環狀腸

【鼠鯊目】
除了大白鯊之外，還有
尖吻鯖鯊、長尾鯊、沙
虎鯊等 9 種。

背鰭

■大白鯊

■姥鯊

5 對鰓裂
2 片背鰭

背鰭無棘

眼睛在嘴巴前方

眼睛在嘴巴後方

【鬚鮫目】

除了鯨鯊之外,還有葉
鬚鯊、豹紋鯊等42種。

背鰭

鰓裂

■鯨鯊

有瞬膜、腸子
呈螺旋狀或菸捲狀

【真鯊目】

除了鼬鯊之外,還有低鰭
真鯊、雙髻鯊、檸檬鯊、
皺唇鯊等 270 種以上。

鰓裂　背鰭

■鼬鯊

■錘頭雙髻鯊

徹底圖解！
大白鯊

從海中霸王大白鯊探索鯊魚
擁有的驚人能力！

● 盾鱗（皮齒）

盾鱗是鯊魚特有的鱗片，構成幾乎可以拿來磨蔬菜泥的
粗糙肌膚，俗稱鯊魚肌。就像牙齒是由覆蓋在牙髓腔和
牙本質表面的琺瑯質所構成，盾鱗的結構也跟牙齒一樣，
不過表面有水平溝紋。當鯊魚在水中游泳，此溝紋能統
合鯊魚周邊的水流，讓鯊魚得以迅速且快速地移動。

▲犁鰭檸檬鯊的盾鱗

● 缺刻

● 尾鰭

● 第二背鰭

● 臀鰭

● 交尾器

鯊魚的生殖器稱為鰭腳（clasper），
雄鯊的總排出腔兩側有一對鰭腳，
交配時會將其中之一插入雌鯊體內。

● 腹鰭

● 胸鰭

◎ 大白鯊的身體部位

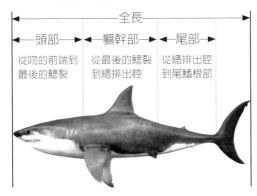

全長

←頭部→　←軀幹部→　←尾部→

從吻的前端到　從最後的鰓裂　從總排出腔
最後的鰓裂　　到總排出腔　　到尾鰭根部

● 第一背鰭

● 眼

真鯊科的鯊魚有瞬膜，攻擊獵物時瞬膜會往上拉，保護眼睛。

吻

● 羅倫氏壺腹

集中在鯊魚眼睛四周與鼻子的器官，可感應獵物發出的電波，掌握獵物的位置與動向。內部排列著無數充滿膠狀液體的細管，通往皮膚表面的小孔。

▲大白鯊的吻

● 鰓裂

側面有 5～7 個鰓裂。鯊魚靠鰓吸取溶解在水中的氧氣，排出體內的二氧化碳，進行呼吸。鰓裂顯露在外也是鯊魚的身體特徵之一。

● 牙齒

琺瑯質覆蓋著牙本質核心，各種鯊魚依照食物特性，發展出不同形狀的牙齒（請參照 P.172 關於牙齒的詳細說明）。

Photo:Kevmin

大白鯊的牙齒

像輸送帶一樣持續供應帶有鋸齒邊緣的三角形牙齒

大白鯊的身體構造中，最讓人類感到凶猛的是張嘴時露出的銳利尖牙。鯊魚是海洋的高階獵食者，牙齒不只是牠們不可缺少的武器，也是生存時必要的獵食工具。

大白鯊的上下顎，總計有五十顆帶有鋸齒邊緣的正三角形牙齒。這種尖銳的鋸齒最適合撕裂海豹、海獅等動物的肉。

話說回來，大白鯊並非一出生就有這樣的牙齒，為了因應吃的魚種，年輕時的牙齒呈細長形。

其他鯊魚也跟大白鯊一樣，發展出符合獵食需求的牙齒形狀。由於這個緣故，各種鯊魚的牙齒形狀截然不同。

舉例來說，以魚和花枝為主食的尖吻鯖鯊，帶有又細又尖的「細針狀牙齒」，方便抓住獵物。不只吃魚、鳥，連海龜都吃的魟鯊則是尖利狀的犬齒，適合撕裂肉食。為了磨碎生活在海底的角蠑螺外殼，吃裡面的肉，寬紋虎鯊發展出適合緊咬獵物與磨碎硬殼的「山形齒」。

此外，鯊魚牙齒一旦脫落，就會從口內深處不斷生出新牙，像輸送帶一樣補齊牙齒。一般來說，鯊魚的一生大約會使用三萬顆牙。

大白鯊露出牙齒的模樣，三角形的牙齒帶有鋸齒狀邊緣。

Point!

- 如大白鯊邊緣呈鋸齒狀的牙齒稱為鋸齒。
- 鯊魚的牙齒因獵物不同而發展出不同形狀。
- 鯊魚的牙齒像輸送帶一樣持續供應新生牙齒。

大白鯊的牙齒

三角形的牙齒
大白鯊成體的牙齒呈完美的正三角形，最適合撕裂獵物的肉。

新齒
鯊魚上下顎的肌肉會從口腔內側往外側移動，由於這個緣故，齒胚（牙齒的根源）也會一邊成長一邊往外移動。受到新生牙齒的擠壓，外側舊牙逐漸脫落。正在用的牙齒稱為「功能齒」，新生牙稱為「補充齒」。

其他鯊魚牙齒

細針狀牙齒
尖吻鯖鯊、歐氏尖吻鯊等鯊魚擁有細針狀牙齒，最適合獵捕逃跑速度快的花枝和魚類。

犬齒
鼬鯊擁有這種類似開罐器的牙齒。齒薄扁平、切緣銳利，有些還有鋸齒狀邊緣。

臼狀齒
虎鯊的後齒就是這種臼狀齒，用來磨碎貝殼等硬物。

山形齒
虎鯊、白斑星鯊的前齒就是山形齒。利用小齒抓住貝類和螃蟹。

173

鯊魚的游泳方式

柔軟的軟骨與產生推進力的體側肌肉和魚鰭

鯊魚游泳時身體呈 S 形扭動，迅速捕食獵物。

流線身形、以軟骨構成全身骨骼、肌肉、各司其職的鰭，以及覆蓋全身的鯊魚肌（皮齒），是鯊魚可以做到上述一連串動作的原因。

鯊魚的脊椎是由軟骨構成，可以迅速扭動或彎曲身體。脊椎體側還有呈 Z 字形排列的肌肉（由肌肉節構成），當肌肉伸縮，身體就會規律地呈 S 形左右扭動，推動身邊的海水，獲得超強推進力。

同時利用鰭調整身體的傾斜方向。

所有鯊魚都有背鰭、胸鰭、腹鰭與尾鰭，身體前方的鰭用來穩定身體，後方的鰭負責推進。

鯊魚身上的鱗片是牠快速游動的原因之一。

鯊魚體表緊密覆蓋著一層又尖又硬的小鱗，稱為「盾鱗（皮齒）」。盾鱗的構造和牙齒相同，由牙本質和琺瑯質組成，質地十分堅硬，可抵禦外敵，發揮鎧甲的作用。

盾鱗還有另一個重要功用。

將盾鱗放大觀察，發現每一片都有橫向溝紋。此溝紋讓鯊魚游動時，水流保持同一方向，減少周邊產生漩渦的機率，提高游泳速度。只要減少水的阻力，就能靜悄悄地接近獵物。

此鯊魚肌的構造也應用在競賽用泳裝的設計中，穿著這類泳裝的選手紛紛創下世界紀錄。

Point!

● 鯊魚呈 S 形左右扭動身體並往前推進。

● 鰭的作用在於穩定身體和獲得推進力。

● 盾鱗的結構可以減少水的阻力。

迴游的烏翅真鯊幼體。身體呈 S 形左右交替扭動，產生推進力。

鯊魚的游泳方式

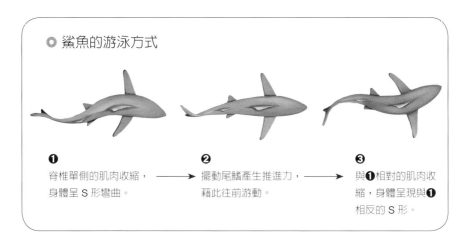

❶ 脊椎單側的肌肉收縮，身體呈 S 形彎曲。 → **❷** 擺動尾鰭產生推進力，藉此往前游動。 → **❸** 與❶相對的肌肉收縮，身體呈現與❶相反的 S 形。

鯊魚鰭的作用

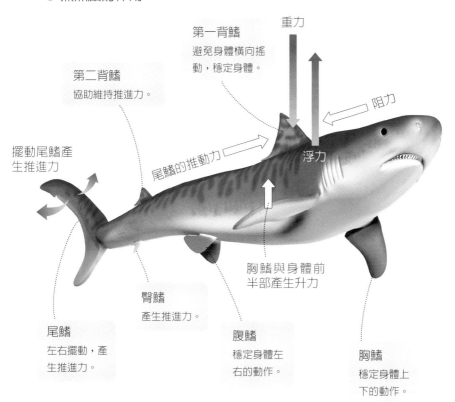

第一背鰭
避免身體橫向搖動，穩定身體。

重力

阻力

第二背鰭
協助維持推進力。

擺動尾鰭產生推進力

尾鰭的推動力

浮力

胸鰭與身體前半部產生升力

臀鰭
產生推進力。

尾鰭
左右擺動，產生推進力。

腹鰭
穩定身體左右的動作。

胸鰭
穩定身體上下的動作。

寒武紀	奧陶紀	志留紀
約 5 億 4200 萬年前～約 4 億 8830 萬年前：三葉蟲等帶殼動物與無顎魚類登場。	約 4 億 8330 萬年前～約 4 億 4370 萬年前：後期出現有顎魚類。	約 4 億 4370 萬年前～約 4 億 1600 萬年前：生物開始在陸地生活，海中也首次出現硬骨魚類。

● 鯊魚的祖先——
從多里阿鯊到巨齒鯊

鯊魚祖先是誕生在大約 4 億年前泥盆紀的裂口鯊屬魚類，約 3 億 7500 萬年前泥盆紀後期，出現全長 2m 左右的原始鯊魚「裂口鯊」。到了侏羅紀，擁有臀鰭的弓鮫類登場，外型與現存鯊魚幾乎一模一樣。

多里阿鯊
近年發現化石，生存於約 4 億 900 萬年前，是最古老的鯊魚。

大白鯊的進化與歷史
約出現於四億年前，完成多樣化演進的鯊魚始祖

一般認為鯊魚類的祖先裂口鯊屬誕生於大約四億年前的古生代泥盆紀，考古學家在大約三億七千五百萬年前的泥盆紀地層，挖出全長達一公尺的初期鯊魚裂口鯊的化石。裂口鯊擁有上弦月般的尾鰭，推測可在外海高速游動。不過，此時正是鄧氏魚這類巨型盾皮魚稱霸的年代，因此古代鯊魚應該也是巨型盾皮魚獵食的對象。

現存的大多數鯊魚祖先都是在三疊紀開啟的中生代出現。

大約三億前年的石炭紀，出現下頜齒呈螺旋狀排列的旋齒鯊。約一億八千萬年前的侏羅紀，大海中

約 4 億 1600 萬年前～約 3 億
9520 萬年前：擁有蕨狀葉片
的樹木植物誕生。海中魚類
演化出兩棲類。

約 3 億 9520 萬年前～約 2 億
9900 萬年前：兩棲類進化出羊膜
動物，世界上首次出現爬蟲類。
海中出現大量鯊魚。

裂口鯊
泥盆紀的鯊魚，嘴巴在吻
的前端。擁有上弦月般的
尾鰭，經常在外海出現。

胸脊鯊
第一背鰭與頭上都有宛
如鬃刷的鬚狀物，是生
存於石炭紀的鯊魚。

出現了外觀與現存鯊魚幾乎相同的
弓鮫類。

　話說回來，大白鯊的祖先又是
在何時經過何種演化過程出現的？

　大白鯊的祖先是誕生在白堊
紀後期的「小齒白堊鼠鯊」。進入
新生代後，開始出現各式各樣的大
白鯊近親。新生代中期約一千八百

萬年前，全長達十八公尺，史上最
大的巨齒鯊現身。其體型比現存最
大的魚類鯨鯊還大。巨齒鯊的學名
Carcharocles megalodon 是「巨大的
牙齒」之意，日本名則是「昔大頰
白鮫」。考古學家推估的外觀就是
大白鯊的放大版，可以想見有多驚
人。

約 2 億 9900 萬年前～約 2 億 5100 萬年前：巨型兩棲類與爬蟲類愈來愈多，但這段期間發生了導致九成五生物大滅絕的重大事件。

約 2 億 5100 萬年前～約 1 億 9960 萬年前：巨型爬蟲類在陸地發展達到顛峰，海中開始出現魚龍。

旋齒鯊
全長達 6m 的鯊魚，下顎齒不會脫落，呈螺旋狀排列。二疊紀鯊魚。

巨齒鯊消失在一百五十萬年前左右，大白鯊的化石曾在一千萬年前的化石層出土，因此猜測大白鯊應該是差不多時間誕生的。由於兩者存在於相同時期，有一說認為兩者在六千萬年前左右演化成不同系統，其中一方遭遇滅絕的命運。

Point!

● 現存鯊魚的祖先誕生於中生代以後。

● 大白鯊的祖先出現在白堊紀。

●1800 萬年前左右的大海，棲息著全長 18m 的巨齒鯊。

約 1 億 9960 萬年前～約 1 億 4550 萬年前：三疊紀末期巨型兩棲類滅絕。海中開始出現現存的鯊魚和鰩魚。

約 1 億 4550 萬年前～約 6550 萬年前：大型恐龍統治陸地，最原始的鳥類登場。在海中出現大白鯊的近緣種。

約 6550 萬年前～現代：恐龍滅絕後，出現多樣化的哺乳類、鳥類。巨齒鯊開始現身大海。

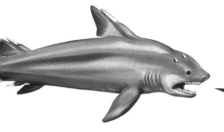

弓鮫
現身於侏羅紀的鯊魚，背鰭前方有強韌的棘。

角鱗鯊
存活於白堊紀，全長 5m 的鯊魚。

巨齒鯊
在日本又稱「昔大頰白鮫」。生存於新生代約 1800 萬年前到 150 萬年前，屬於超大型鯊魚，全長最大可達 18m 左右。

大白鯊的餌

大白鯊吃什麼？

大白鯊屬於肉食魚，以吃其他動物維生。話說回來，大白鯊吃哪些種類的動物？

大白鯊的幼體與成體吃的食物不同。大白鯊幼體最常吃硬骨魚類與小型鯊魚，等到成長至三公尺以上，便開始攻擊海獅、海豹、北海獅、鯨魚等大型哺乳類，並以此為食。此外，有時會吃鮪魚等硬骨魚類、花枝、章魚、螃蟹等甲殼類。空腹時也會吃海龜、海面上的海鳥與其他鯊魚。

鯊魚攻擊人類的新聞時有所聞，這是因為鯊魚將人類游泳的姿態誤認為海豹的關係。人類的身體脂肪不如海豹多，對鯊魚來說，人類並非垂涎欲滴的美食。

順帶一提，其他鯊魚的主食又是什麼？

鯊魚的食性依物種而不同。

舉例來說，擁有利齒的雙髻鯊愛吃赤魟類；鼬鯊什麼都吃，包括海龜和海蛇；虎鯊為了吃海底的海膽和角蠑螺等帶有硬殼的貝類，特化出獨特的顎部，避免與他種競爭。

此外，鯨鯊的主食是磷蝦等浮游生物，透過吸入大量海水過濾食物的方式覓食。

Point!

- 大白鯊幼體最常吃硬骨魚類和小型鯊魚。

- 成長至 3m 以上的大白鯊改以大型哺乳類為主食。

- 鯊魚的食性依物種不同，各有各的偏好。

鯊魚事件
File
2

印第安納波利斯號的悲劇

這是發生在 1945 年 7 月 30 日太平洋上的真實故事，當時正值日本與美國彼此纏鬥的太平洋戰爭末期。

美國海軍波特蘭級重巡洋艦印第安納波利斯號結束運載原子彈零件與核原料任務後，遭到日本海軍的潛水艇魚雷攻擊，不幸沉沒。

約三百名組員與船艦共生死，約九百人跳至海上逃生。

這九百人在海上漂流四天，遭遇數百隻大青鯊與遠洋白鰭鯊襲擊，加上體力透支影響，最後罹難者高達六百人左右。

● 大白鯊的食性

大白鯊成體偏好海獅、鯨魚、北海獅等鰭足類動物。大白鯊幼體愛吃硬骨魚類和小型鯊魚。

【長鬚鯨類 · 姥鯊】

長鬚鯨、姥鯊、鯨魚的腐肉。

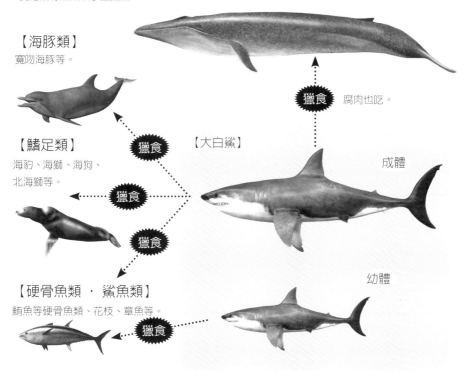

【海豚類】

寬吻海豚等。

【鰭足類】

海豹、海獅、海狗、北海獅等。

【大白鯊】

成體

獵食 腐肉也吃。

幼體

【硬骨魚類 · 鯊魚類】

鮪魚等硬骨魚類、花枝、章魚等。

獵食

● 大白鯊的額部動作

❶ 接近獵物後，吻往前上方突出，避免阻礙咬住獵物的動作。

❷ 隨著頭部往上抬，下顎往後下方壓。

❸ 伸出上顎、露出牙齒，同時下顎往前上方閉合。

❹ 低頭，閉緊嘴巴。

大白鯊的獵食方法

因應食物採取不同的獵食策略

提到鯊魚的本能，獵食行為是最讓人感到震撼的特質。大白鯊最有名的獵食畫面就是迅速躍出海面咬住獵物，這一幕經常可在電視上播放的動物紀錄片看到。

大白鯊有兩種獵食技巧。

遇到花枝等體型較小的獵物，先以敏銳嗅覺找出獵物位置後再慢慢靠近，最後從死角加速向前咬住獵物。這項技巧與其他鯊魚相同。

另一方面，大白鯊還會使出特有的「咬帶跑策略」。

此策略大多使用在獵食海豹等大型獵物上。大白鯊先用力咬傷獵物後離開，等到遭受致命傷的獵物氣絕身亡，再回來慢慢享用美食。

誠如前方所說，每種鯊魚的食物不同，獵食方式也不一樣。不過，大致可分成五大類。

大白鯊的咬帶跑策略是其中之一。再者，長尾鯊科的鯊魚會先用長魚尾擊暈獵物，使獵物無力抵抗再吞下肚。與鯨鯊一樣以浮游生物為主食的鯊魚種類，則是喝進大量海水，再濾出浮游生物食用。

此外，虎鯊等底棲性鯊魚則是先吸出棲息在海底的貝類等獵物，再用牙齒磨碎貝殼與硬殼，只吃裡面的肉。

可以說有多少鯊魚就有多少吃法。

Point!

● 大白鯊有兩種獵食技巧。

● 大白鯊面對大型獵物時採用「咬帶跑策略」。

● 鯨鯊等鯊魚則是過濾海水，吃浮游生物。

躍出海面咬住海獅的大白鯊。大白鯊先潛入海中，觀察在表層游動的獵物動向，再趁機急速往上，捕獲獵物。

● 鯊魚的獵食模式

除了大白鯊的咬帶跑策略之外，各種鯊魚還會運用不同策略捕獲獵物。

❶囫圇吞棗策略
喝進大量海水在口中過濾，留下餌食，從鰓裂排出海水。

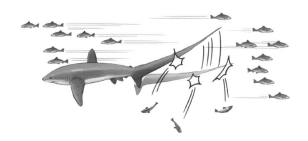

❷擊暈獵物策略
長尾鯊科的鯊魚擺動尾巴，將小魚集中在一起。接著用力來回揮動尾巴，將獵物擊暈後吃掉。

❸咬下整塊肉策略
雪茄達摩鯊咬住大型獵物後會旋轉身體，咬下一整塊肉，在獵物身上留下半球狀的窟窿。

❹埋伏策略
日本鬚鯊的外觀極似海底沙地的顏色，藉此躲在沙地裡，等到獵物經過再突襲獵捕。

○ 大白鯊的獵食模式

鯊魚利用聽覺、嗅覺、觸覺、視覺以及第六感
（電流），尋找獵物位置，展開攝食行動。

❹看
鯊魚的視力幾乎與人類相同，
不過，鯊魚的眼睛有反光組織，
可發揮反射板的作用，不少種
鯊魚的夜間視力都很好。

❸感覺
鯊魚體側具可感應聲音與
振動的感覺器官「側線」，
可感應到獵物活動產生的
壓力變化與振動。

❷嗅聞
鼻孔內側有許多摺縫，
名為嗅基板，可聞到獵
物的血腥味，或體液中
微量蛋白質的味道。

❺感應電流
利用羅倫氏壺腹感應獵物肌肉
發出的微弱電流，找出隱藏在
海底或岩石陰影處的獵物。

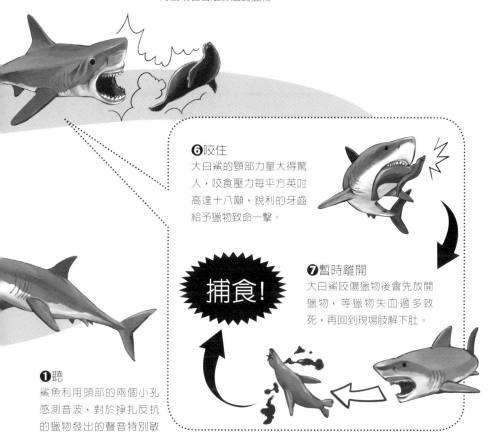

❻咬住
大白鯊的頸部力量大得驚
人，咬食壓力每平方英吋
高達十八噸，銳利的牙齒
給予獵物致命一擊。

捕食！

❼暫時離開
大白鯊咬傷獵物後會先放開
獵物，等獵物失血過多致
死，再回到現場肢解下肚。

❶聽
鯊魚利用頭部的兩個小孔
感測音波，對於掙扎反抗
的獵物發出的聲音特別敏
感。感測範圍可達 500m。

鯊魚的肢體語言

鯊魚微笑的時候最危險？

或許出於本能的關係，動物攻擊時都會出現徵兆。

例如響尾蛇會先振動尾巴的響環，發出聲響；食蟻獸攻擊前會以後腳站立，張開前腳，讓身體看起來更為巨大。

大白鯊的戰備姿勢則是露出牙齒，感覺像是在笑，接著朝目標迅速游動，等到快接近獵物立刻改變方向，藉此威嚇對方。

以上是大白鯊特有的舉動，不過，其他鯊魚遇到外來者入侵自己的地盤，也會威嚇對方，保護自己。

鯊魚平時處於放鬆狀態，身體保持水平，搖動尾鰭往前游。

感到強烈壓力時，就會弓起背部，胸鰭朝下。這是真鯊目鯊魚共通的行為，也是攻擊前最常出現的徵兆。

黑尾真鯊還會做出更明顯的備戰姿勢，除了胸鰭朝下延伸外，吻還會往上傾，背部弓成 S 形。

話說回來，不同種的鯊魚擺出備戰姿態的時間長短不一，黑尾真鯊長達四十秒。

Point!

● 鯊魚會做出威嚇動作。

● 大白鯊攻擊前會露出牙齒。

● 遇到弓背、胸鰭朝下的真鯊目鯊魚時要特別小心。

鯊魚事件
File
3

擊退大白鯊的衝浪冠軍

2015 年 7 月 19 日，南非舉辦的「J-Bay Open」衝浪大賽發生了衝浪選手米克・凡寧（Mick Fanning）遭到鯊魚攻擊的意外事故。

幸虧當時凡寧一直用腳踢鯊魚，最後成功擊退鯊魚，而且工作人員及時用救生艇將他救出，讓他毫髮無傷。事件發生後，大會立刻宣告終止比賽。

大白鯊會從較深的海底觀察海上獵物動向，從下往上看趴在衝浪板上的人，看起來很像海豹，因此有人認為，鯊魚之所以攻擊人類，是因為將人類誤認為自己愛吃的食物。

鯊魚的肢體語言

遇到入侵自己地盤的外來者，鯊魚會威嚇對方，保護自己。
大白鯊也會表現幾項徵兆，喝止敵人。

Warning!!
朝目標游去，快接近時緊急迴轉。

彎曲尾巴，讓對方看見自己的全身。
Warning!!

露出牙齒，看起來像是在笑。
Warning!!

● 黑尾真鯊的威嚇動作

黑尾真鯊的威嚇動作最為明顯。以下的動作是為了抵禦獵食者的反應，若對方視而不見，牠就會大肆攻擊，直到危機解除。

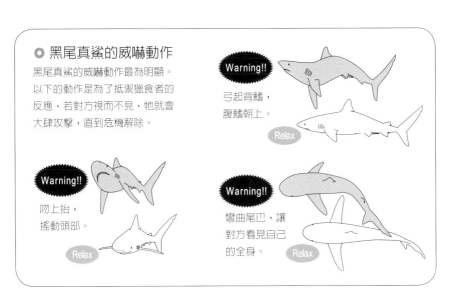

Warning!!
弓起背鰭，腹鰭朝上。
Relax

Warning!!
吻上抬，搖動頭部。
Relax

Warning!!
彎曲尾巴，讓對方看見自己的全身。
Relax

鯊魚的生殖方式

海中霸王如何增加族群數量？

近年來，夏威夷與加州中間的海域，出現一個外界稱為「大白鯊咖啡館」（White Shark Cafe）的水洞。

大白鯊分布在美國西岸，但牠們齊聚的「大白鯊咖啡館」海域不僅食物少，又被低溶氧水層包圍，魚類不容易存活。因此研究者認為，大白鯊是為了繁殖才聚集於此處。

雄鯊與雌鯊一相遇就會開始交配，但牠們的交配過程十分激烈。

人類很少有機會觀察鯊魚的交配行為，對於交配過程並不清楚，但交配時雄鯊為了穩住雌鯊身體，會咬住雌鯊的胸鰭與背部不放。由於這個緣故，雌鯊的皮膚比雄鯊更加粗厚。受精在雌鯊體內完成，雄鯊的腹鰭上有一對發達的交尾器（請參照 P.170），將其中之一插入雌鯊的總排出腔後射精。

鯊魚的出生方式依物種而異。

虎鯊與貓鯊生下包在卵殼裡的受精卵，簡單來說，牠們屬於卵生。

另一方面，其他鯊魚則是胎生。不過胎生又可分成四種形態，大白鯊屬於食卵性，仔鯊在雌鯊腹中吃無精卵，成長至小鯊後生出。此外，白斑星鯊的受精卵吸收子宮壁分泌的營養物（子宮乳）成長。雙髻鯊透過胎盤孕育胎仔。最後一種是依賴卵黃吸收營養的型態，對母鯊依賴程度較低的角鯊就是最好的例子。

Point!

● 在夏威夷和加州中間海域，有一處「大白鯊咖啡館」，聚集成群的大白鯊。

● 交配時雄鯊會緊咬雌鯊。

● 鯊魚的生殖形態分為胎生與卵生兩種。

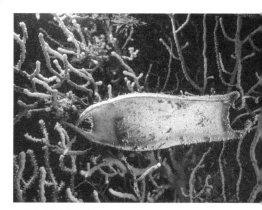

虎鯊在海藻中產卵。

● 鯊魚的生殖方式

鯊魚在交配後依胎生或卵生的方式產下後代。前者是在體內養育仔魚，約占整體鯊魚的六成。另一方面，卵生則是產下受精卵。

卵生
交配後，產下包覆在卵殼裡的受精卵。

■**單卵生型**
受精卵移至輸卵管就一顆顆誕生，大多數虎鯊目、貓鯊類鯊魚屬於這一型，部分鬚鮫目鯊魚也是如此。

■**複卵生型**
受精卵留在子宮，成長至一定程度後，一次產下多顆卵的類型。伯氏豹鯊、伊氏鋸尾鯊類的部分鯊魚屬於這一型。

胎生
受精卵在母鯊子宮中發育，卵孵化出胎仔並成長至一定程度後產出。

■**卵黃營養生殖**
在子宮內靠形成仔魚的卵黃供應營養，成長至一定程度後才出生。

■**兼性胎生**
通常為卵生，但有時會在母體內孵化，以仔鯊的狀態出生。

■**專性胎生**
真正的卵黃營養生殖類型。

■**母體營養生殖**
在母體中靠母鯊供應營養。

■**食卵性**
幼體本身吃無精卵成長。沙虎鯊不只吃無精卵，還會吃光子宮裡的兄弟姊妹，最後只生下一胎。

■**子宮乳**
攝取子宮壁分泌的營養物質，滿足成長所需。

■**胎盤型**
吃完卵黃後，靠子宮乳補充營養。形成胎盤後，透過臍帶接收胎盤養分。

● 鯊魚每胎的出生數

鯊魚與棲息在海裡的大多數動物不同，經過漫長孕期後，生下來的後代數量很少。

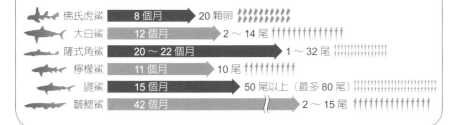

佛氏虎鯊	8 個月	20 顆卵	
大白鯊	12 個月	2～14 尾	
薩式角鯊	20～22 個月	1～32 尾	
檸檬鯊	11 個月	10 尾	
鼬鯊	15 個月	50 尾以上（最多 80 尾）	
皺鰓鯊	42 個月	2～15 尾	

大白鯊的住處
大白鯊棲息在世界何處？

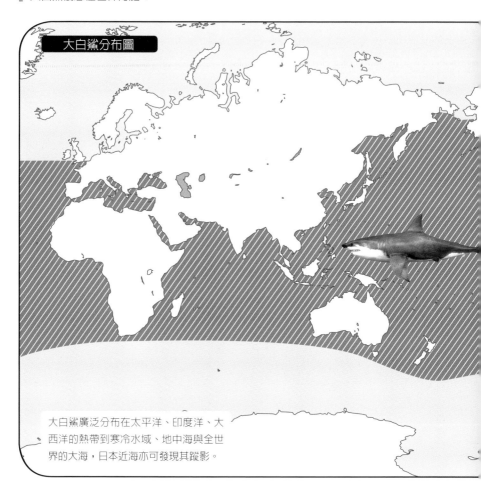

大白鯊分布圖

大白鯊廣泛分布在太平洋、印度洋、大西洋的熱帶到寒冷水域、地中海與全世界的大海，日本近海亦可發現其蹤影。

鯊魚棲息在全世界大海中，掌握其分布狀況的基準包括根據海域、水溫，以及水深。

海域分布受到大陸移動影響，海域被切割後，出現了熱帶、亞熱帶、溫帶、寒帶等區塊，也切割了鯊魚的棲息海域。

由於此緣故，大部分鯊魚分布在熱帶、亞熱帶海域（平均水溫二十二度以上海域）和溫帶海域（平均水溫十到二十二度海域）。不過，還是有例外，例如灰六鰓鯊與角鯊類棲息在寒帶海域（平均水溫二到十度海域），小頭睡鯊棲息在極圈海域（平均水溫二度以下海域）。

海帶、超深淵帶。

烏翅真鯊等分布在沿海表層，虎鯊等分布在沿海底層，若加上棲息在淡水水域的露齒鯊等種類，約占整體鯊魚的四成五。

此外，大青鯊等分布在外海表層的鯊魚占百分之二；分布在沿海、外海各處的姥鯊等也占百分之二。剩下就是所謂的深海鯊魚，亦即棲息在水深兩百公尺以深、綿延不絕大陸坡上的歐氏荊鯊等鯊魚。出乎意料的，深海鯊魚竟占整體的五成一。

話說回來，大白鯊棲息在何處？

除了屬於溫帶海域的日本近海之外，大白鯊還棲息在太平洋、大西洋、印度洋、地中海等熱帶到寒冷海域，分布範圍十分廣泛。通常大白鯊會待在沿海表層帶，但也會出沒在外海海域。牠們在外海時會待在水深五公尺左右的表層帶，或三百公尺以深的中層帶，不會待在兩者之間的水層。

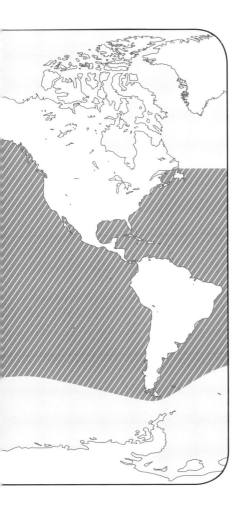

另一個基準是水深。海岸附近的沿海海域、水深兩百公尺以淺的近海一帶，位於大陸棚上。此外，大陸棚以外的海域稱為外海，海底大陸坡陡峻。外海水深不到兩百公尺的海域稱為表層帶，兩百公尺以深一般稱為深海。如 P.192 所示，深海又分成中層帶、半深海帶、深

Point!

● 鯊魚分布圖的基準依照海域、水溫和水深分類。

● 一半的鯊魚棲息在沿海表層到底層。

● 大白鯊廣泛分布在全球海域，水深 5m 的表層到300m 以深的深海。

● 大白鯊的棲息深度

大白鯊棲息在沿海表層到大陸棚的 300 ～ 500m 海底。至於其他水深的分布狀況，真鯊與大白鯊等生存在沿海表層的鯊魚，與虎鯊等棲息在沿海表層的鯊魚，占整體鯊魚的四成五。

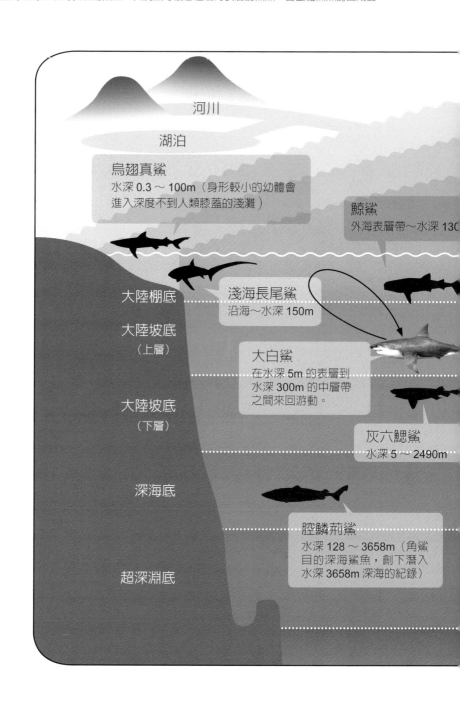

河川

湖泊

烏翅真鯊
水深 0.3 ～ 100m（身形較小的幼體會
進入深度不到人類膝蓋的淺灘）

鯨鯊
外海表層帶～水深 13

大陸棚底

大陸坡底
（上層）

大陸坡底
（下層）

深海底

超深淵底

淺海長尾鯊
沿海～水深 150m

大白鯊
在水深 5m 的表層到
水深 300m 的中層帶
之間來回游動。

灰六鰓鯊
水深 5 ～ 2490m

腔鱗荊鯊
水深 128 ～ 3658m（角鯊
目的深海鯊魚，創下潛入
水深 3658m 深海的紀錄）

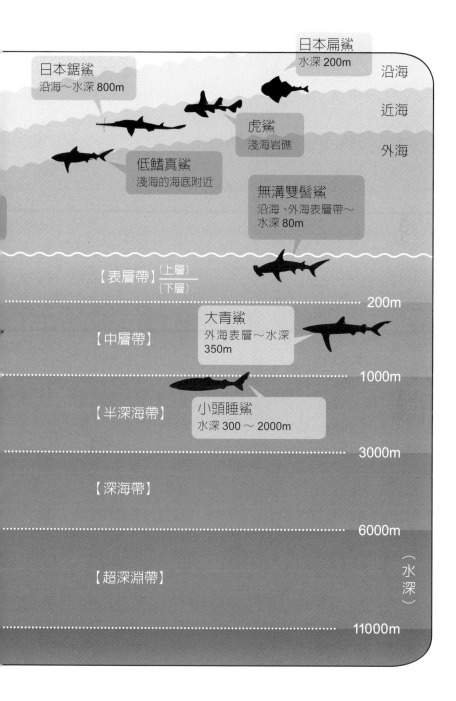

日本扁鯊
水深 200m

沿海

日本鋸鯊
沿海～水深 800m

近海

虎鯊
淺海岩礁

外海

低鰭真鯊
淺海的海底附近

無溝雙髻鯊
沿海、外海表層帶～
水深 80m

【表層帶】（上層）
（下層）

200m

大青鯊
外海表層～水深
350m

【中層帶】

1000m

小頭睡鯊
水深 300～2000m

【半深海帶】

3000m

【深海帶】

6000m

【超深淵帶】

（水深）

11000m

鯊魚的洄游習性

鯊魚大遷徙遨遊於全世界的大海

某些特定的外海性鯊魚沒有固定棲息地，會隨季節四處遷徙洄游。

鯊魚洄游的目的很多，包括躲避危險、確保食物穩定與繁殖等。

現階段的研究指出，鯊魚具備高度的位置認知能力，但不清楚其原理是辨認方位或是受到味道吸引。

大白鯊也是洄游鯊魚的一種，有些洄游於美國西岸到夏威夷之間，有些則是從南非游到澳洲，再橫渡印度洋回到原本的地方。

不過，在南非進行遠距離洄游的鯊魚皆為雄性，雌性不會洄游。一般認為這是為了維持基因多樣

● 高洄游性鯊魚的洄游習性

特定的外海性鯊魚會依季節遷徙。

棲息在大西洋的大青鯊分娩海域

■大青鯊

大青鯊終其一生都在洄游，尋覓花枝和魚類捕食。棲息在大西洋的大青鯊會花 15 個月洄游 1 萬 8000km。

鯊魚事件
File
❹

瀨戶內海鯊魚事件

1992 年 3 月 8 日，日本發生了大白鯊攻擊漁夫事件。

一名身穿潛水服潛入海中，捕撈牛角江珧蛤的漁夫，漂浮在海上等待救援船救援。眼看救援人員就要將他拉上船，卻一下子看不見其蹤影，只看到撕裂的潛水服與安全帽浮上海面。

根據事後調查，確認該名漁夫遭受大白鯊襲擊。這件事讓日本人驚覺大白鯊很可能在瀨戶內海洄游，在當時的日本掀起一陣鯊魚恐慌。

性，特地洄游至澳洲，與更多雌鯊生下仔鯊。

具備洄游習性的鯊魚不只是大白鯊。

太平洋的大青鯊雄鯊平時棲息在北邊、雌鯊棲息在南邊海域，到了繁殖期兩者就會游到中間點交配。另一方面，大西洋的大青鯊則會花十五個月的時間，從北美游到歐洲，再順著墨西哥灣流巡迴一圈。不過，大青鯊與大白鯊不同，洄游的是雌鯊。

此外，鯨鯊、姥鯊、巨口鯊等捕食大型浮游生物的鯊魚也會洄游。

Point!

- 幾種外海性鯊魚都有洄游習性。
- 洄游的目的是生殖、確保食物穩定等。
- 有些大青鯊會洄游 1 萬 8000km 左右。

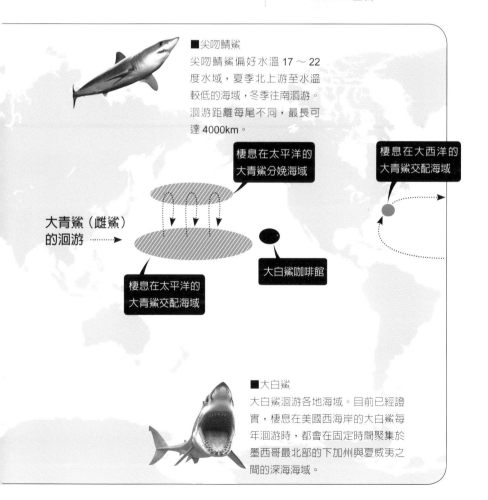

■尖吻鯖鯊
尖吻鯖鯊偏好水溫 17 ～ 22 度水域，夏季北上游至水溫較低的海域，冬季往南洄游。洄游距離每尾不同，最長可達 4000km。

棲息在太平洋的大青鯊分娩海域

棲息在大西洋的大青鯊交配海域

大青鯊（雌鯊）的洄游

棲息在太平洋的大青鯊交配海域

大白鯊咖啡館

■大白鯊
大白鯊洄游各地海域。目前已經證實，棲息在美國西海岸的大白鯊每年洄游時，都會在固定時間聚集於墨西哥最北部的下加州與夏威夷之間的深海海域。

鯊魚社會

擁有群居和地盤觀念，自成一格的鯊魚世界

各位到水族館參觀，看到鯊魚和其他魚類混雜在一起時，會不會擔心鯊魚吃掉其他魚類？

事實上，人類很少看到鯊魚在水族箱裡捕食的情景。封閉的水族箱也和大自然一樣，形成一個以鯊魚為尊的食物鏈社會。

我們經常看到同種鯊魚在海中成群生活的情景，由此可知，鯊魚有一定的社會性。

話說回來，大白鯊擁有何種程度的社會認知？

觀察發現，當大型與中型個體在攝餌場域相遇，中型個體會主動讓道。因此，同種鯊魚明白個體大小的尊卑關係，就連覓食時的活動範圍也受到限制。

鯊魚形成群居社會還有其他原因。灰三齒鯊白天成群在洞穴休息，藉此提高察覺危險、維護安全的效率。

黑尾真鯊具有強烈的地盤意識，會集體抵抗入侵者。群聚形態還可提高交配機率，促進繁衍。

Point!

● 水族館的水族箱裡形成一個以鯊魚為尊的社會結構。

● 大白鯊會依個體大小產生尊卑關係。

● 有些鯊魚會為了保護自己形成群居社會。

成群獵食的鉸口鯊。

🔵 鯊魚社會與大白鯊的社會性

大白鯊不是低能捕食者，
擁有一定的社會性。

擁有學習能力

大白鯊擁有學習能力，會從失敗的狩
獵經驗學習教訓，運用在下次的獵食
機會。此外，檸檬鯊與加勒比礁鯊對
於特定聲音與動作十分靈敏，也能分
辨食物與食物以外的生物。

群聚生活

許多大白鯊是獨行俠，但也會
兩尾一起行動。有些鯊魚，例
如灰三齒鯊，習慣群聚生活。

群居時
會列隊行動

大白鯊覓食時會群聚，並
依體型大小建立尊卑關係。

具有地盤意識

大白鯊是否具有地盤意識目前
還不清楚，儘管地盤是否存在
還不明確，但大白鯊與黑尾真
鯊對於接近自己的人類或動
物，會做出驅離的舉動。專家
認為部分鯊魚擁有不希望被入
侵的「自我空間」。

大白鯊的天敵

海中霸王大白鯊的天敵是虎鯨與人類

大白鯊看似位於海洋生態系的頂點，其實牠還是有天敵的，那就是「虎鯨」。

相較於最大長至六公尺的大白鯊，虎鯨全長九公尺，體重達五點五噸。大白鯊的泳速最高時速達三十五公里，虎鯨的時速達四十八公里。從體格而言，大白鯊不是虎鯨的對手。加上虎鯨相當聰明，會成群結隊攻擊鯊魚。

在虎鯨眼中，大白鯊不只肌肉多，還有富含脂肪的肝臟，是極度美味的大餐。

有人曾在加州法拉隆群島近海，目擊一群虎鯊將大白鯊像海灘球一樣拋向空中，撞擊海面致死的場景。若虎鯨旁邊有幼鯨，牠們會在發生危險之前主動驅除其他鯊魚。此外，二〇一四年，有人在熱帶海域錄下稱霸一方的鼬鯊，被六隻虎鯨獵食的畫面。

話說回來，這個世界上有比虎鯨更殘暴的狩獵者，他們以迅雷不及掩耳的速度讓所有鯊魚數量愈來愈少。這個狩獵者就是人類。

人類不只吃鯊魚的肉，還將魚鰭做成高檔的魚翅，也曾為了取鯊魚皮和肝油濫捕濫殺。這段過去讓許多鯊魚被列入瀕危物種紅色名錄中。

不可否認的，有時人類在捕撈其他漁獲時會不小心捕到鯊魚，但人類導致鯊魚數量銳減是不爭的事實。

Point!

● 在大海中，虎鯨的能力凌駕鯊魚。

● 在人類紀錄中，虎鯨曾經獵食大白鯊與鼬鯊。

● 鯊魚最大的天敵是人類。

虎鯨是海洋食物鏈的霸主，就連身為魚類王者的大白鯊也無法抵擋。

◎ 海中食物鏈

大白鯊是大海中的高端獵食者，在牠之上的哺乳類動物虎鯨具有高超的獵食智慧。

虎鯨

大型鯊魚

海豹

小型鯊魚

鮪魚

鮭魚

大型魚類（鮪魚、鮭魚等）

螃蟹

小型魚類（竹筴魚、沙丁魚等）

蝦子

動物性浮游生物

植物性浮游生物

動物性浮游生物

◎ 鯊魚保護自己的方法

鯊魚會以各種方式保護自己，避免獵食者攻擊。

1 以棘保護自己！
日本尖背角鯊與虎鯊等鯊魚的背鰭前方有銳利的棘。

2 群聚保護自己！
灰三齒鯊白天齊聚珊瑚礁和岩石之間，一邊戒備一邊隱藏自己的蹤跡。

3 膨脹身體保護自己！
陰影絨毛鯊感到危險時會喝水使身體膨脹，威嚇對方。

4 躲起來保護自己！
豹紋鯊與日本鬚鯊等鯊魚利用身體的保護色與周遭融為一體。

鯊魚的壽命

大白鯊可以活多久？

一般來說，生物的體型愈大，壽命愈長。以大型種居多的鯊魚也不例外，鯊魚是魚類中相當長壽的物種。

通常魚類年齡可從魚鱗上刻畫的年輪判讀，不過，若鯊魚全身遍布形狀特異的盾鱗，則要從脊椎骨剖面的年輪推斷。根據統計，鯊魚的平均壽命是二十五歲。

即使是虎鯊這類體型小、成長速度快的鯊魚也能存活十二年，成長速度較慢的薩式角鯊還創下七十六歲的高壽紀錄。至於體型最大的魚類鯨鯊壽命超過一百歲，有一說甚至可達一百五十歲。

話說回來，大白鯊可以活多久？

根據近年引進的最新放射性碳定年法，人類在西北大西洋發現活了七十三年的雄性大白鯊。此外，墨西哥瓜達盧普島附近有一隻名聞遐邇的世界最大雌性大白鯊「深藍」（Deep Blue），全長六點一公尺、體重達兩噸，是當地海域的霸主。據推測牠的年齡已五十歲，而且在二〇一五年確認懷孕。

以上是野生狀態下的情形，若被人類飼育，結果完全不同。

有別於競爭激烈的自然界，被人類飼育的鯊魚可吃到源源不絕的食物，也不會遇到任何危險，因此小型鯊魚可以活得很久。但是像大白鯊這類大型鯊魚通常無法融入飼育環境，完全不進食，很快就會死亡。

Point!

- 鯊魚的平均壽命為二十五歲。
- 有些鯨鯊的壽命超過一百歲。
- 根據最近的調查，發現了年過七十的大白鯊。

在墨西哥瓜達盧普島附近拍到的大白鯊身影。這隻全長六點一公尺、名為「深藍」的雌鯊棲息在附近海域，年齡為五十歲。

鯊魚壽命排行榜

鯊魚壽命可從脊椎骨剖面的年輪推定，平均年齡約為二十五歲。
其中豹紋鯊成熟速度較快，壽命也較短。
另一方面，也有研究報告顯示薩式角鯊可活到七十六歲，鯨鯊超過一百歲。
今年引進的最新碳測年法，年齡最大的大白鯊活到七十三歲。

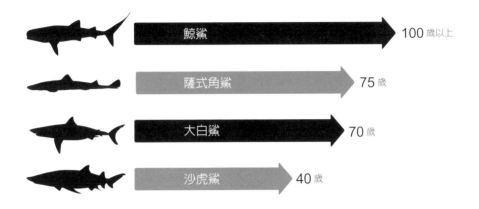

鯨鯊 100 歲以上

薩式角鯊 75 歲

大白鯊 70 歲

沙虎鯊 40 歲

瀕臨絕種的鯊魚

鯊魚雖是海洋的高端獵食者，也是海中霸主，
但近年來遭到人類濫捕，很難壽終正寢，個體數量也大幅降低。

國際自然保護聯盟（IUCN）針對 1044 種鯊魚、鰩魚、黑線銀鮫「瀕危物種紅色名錄」的評語	
滅絕危險 IA 類	在不久將來野生種絕種危險性相當高。 黑鰭基齒鯊（Pondicherry shark）／畢贊特河鯊（Bizant river shark）／新幾內亞河鯊（New guinea river shark）／哈氏刺鯊（Dumb gulper shark）
滅絕危險 IB 類	雖不及 IA 類，但在不久將來野生種絕種危險性高。 白邊真鯊（Silvertip shark）／印尼真鯊（Borneo shark）／露齒鯊（Speartooth shark）／白斑扁鯊（Smoothback angelshark）
滅絕危險 II 類	在不久將來可能進入「滅絕危險 I 類」名單。 鯨鯊（Whale shark）／大白鯊（Great white shark）／豹紋鯊（Leopard (Zebra) shark）／鏽鬚鮫（Tawny nurse shark）／姥鯊（Basking shark）／沙虎鯊（Sandtiger shark）等

照片出處

P002-003 鯊魚群	Nature Picture Library/Nature Production/amanaimages
P004 大白鯊	Pacific Stock/ アフロ
P004 鼬鯊	Alamy/ アフロ
P005 鯨鯊	Reinhard Dirscherl/ アフロ
P006 大白鯊	robertharding/ アフロ
P010-P011	kagii yasuaki/Nature Production/amanaimages
P012-P013	Hiroshi Takeuchi/MarinepressJapan/amanaimages
P016、024 尖吻鯖鯊	Science Photo Library/ アフロ
P026 姥鯊	Alamy/ アフロ
P028 太平洋鼠鯊	Alamy/ アフロ
P030 沙虎鯊	マリンプレスジャパン / アフロ
P032 歐氏尖吻鯊	Photoshot/ アフロ
P034 巨口鯊	Bluegreen Pictures/ アフロ
P036 長尾鯊	imagebroker/ アフロ
P040 低鰭真鯊	Alamy/ アフロ
P046 鼬鯊	Bluegreen Pictures/ アフロ
P052 遠洋白鰭鯊	Masakazu Ushioda/ アフロ
P054 黑邊鰭真鯊	Reinhard Dirscherl/ アフロ
P056 高鰭真鯊	Pacific Stock/ アフロ
P060 直翅真鯊	Masakazu Ushioda/ アフロ
P062 加勒比礁鯊	Masakazu Ushioda/ アフロ
P064 檸檬鯊	Masakazu Ushioda/ アフロ
P066 灰三齒鯊	Alamy/ アフロ
P068 大青鯊	Masakazu Ushioda/ アフロ
P070 烏翅真鯊	Alamy/ アフロ
P072 白邊真鯊	Science Source/ アフロ
P074 陰影絨毛鯊	中村庸夫 / アフロ
P076 虎紋貓鯊	中村庸夫 / アフロ
P078 帶紋長鬚貓鯊	Bluegreen Pictures/ アフロ
P080 伯氏豹鯊	アクアワールド茨城県大洗水族館
P081 斑點貓鯊	Jelger Herder/ Buiten-beeld / Minden Pictures/amanaimages
P082 黑點斑鯊	アクアワールド茨城県大洗水族館
P083 日本鋸尾鯊	沼津港深海水族館
P084 哈氏原鯊	アクアワールド茨城県大洗水族館
P086 皺唇鯊	Alamy/ アフロ
P088 半帶皺唇鯊	Photoshot/ アフロ
P090 白斑星鯊	David B. Fleetham / シービックスジャパン
P092 灰星鯊	アクアワールド茨城県大洗水族館
P094 錘頭雙髻鯊	アフロ
P096 紅肉丫髻鮫	F1online/ アフロ

P098 窄頭雙髻鯊　　　　　Alamy/ アフロ
P104 覓紋虎鯊　　　　　　広瀬睦 / シービックスジャパン
P106 澳大利亞虎鯊　　　　Ardea/ アフロ
P108 眶嵴虎鯊　　　　　　Fred Bavendam / Minden Pictures/amanaimages
P109 佛氏虎鯊　　　　　　David Wrobel/Visuals Unlimited/Corbis/amanaimages
P112 日本扁鯊　　　　　　マリンプレスジャパン / アフロ
P114 皺鰓鯊　　　　　　　NHPA/Photoshot/amanaimages
P116 扁頭哈那鯊　　　　　Alamy/ アフロ
P118 尖吻七鰓鯊　　　　　ZUMA Press/ アフロ
P120 灰六鰓鯊　　　　　　Photoshot/ アフロ
P122 小頭睡鯊　　　　　　picture alliance/ アフロ
P124 長吻角鯊　　　　　　Ardea/ アフロ
P126 長鬚棘鮫　　　　　　アクアワールド茨城県大洗水族館
P128 薩式角鯊　　　　　　Bluegreen Pictures/ アフロ
P130 硬背侏儒鯊　　　　　Masa Ushioda / シービックスジャパン
P132 鎧鯊　　　　　　　　NHPA/Photoshot/amanaimages
P134 雪茄達摩鯊　　　　　フロリダ自然史博物館
P136 歐氏荊鯊　　　　　　柳惠芬 繪製
P138 烏鯊　　　　　　　　沼津港深海水族館
P140 日本尖背角鯊　　　　沼津港深海水族館
P142 日本鋸鯊　　　　　　yasumasa kobayashi/Nature Production/amanaimages
P144 鯨鯊　　　　　　　　Reinhard Dirscherl/ アフロ
P152 鏽鬚鮫　　　　　　　imagebroker/ アフロ
P154 條紋斑竹鯊　　　　　Bluegreen Pictures/ アフロ
P156 肩章鯊　　　　　　　Ardea/ アフロ
P158 豹紋鯊　　　　　　　Mark Strickland/ シービックスジャパン
P160 葉鬚鯊　　　　　　　Alamy/ アフロ
P162 斑紋鬚鯊　　　　　　Bluegreen Pictures/ アフロ

參考文獻

- 《鯊魚的世界》仲谷一宏（DATA HOUSE）
- 《魚君的水族館指南（這裡可以看到這種魚！）》魚君（bookman.sha）
- 《鯊魚——大海的王者們——》仲谷一宏（bookman.sha）
- 《世界鯊魚圖鑑》Steve Parker 著、仲谷一宏監譯（Neko Publishing）
- 《追蹤深海鯊魚》田中 彰（寶島社）
- 《鯊魚 軟骨魚類的不思議生態》矢野和成（東海大學出版會）
- 《南日本太平洋沿岸的魚類》池田博美、中坊徹次（東海大學出版會）
- 《事物與人類的文化史 35 》矢野憲一（法政大學出版局）
- 《鯊魚的自然史》谷內透（東京大學出版會）
- 《鯊魚有兩個生殖器 不可議的鯊魚世界》仲谷一宏（築地書館）
- 《Sharks in Question》維克多 ・G・ 斯普林格、喬伊 ・P・ 戈爾德著、仲谷一宏譯（平凡社）
- 《鯊魚的世界》矢野憲一（新潮社）
- 《鯊魚指南 世界的鯊魚 ・ 鰩魚圖鑑》Andrea Ferrari and Antonella Ferrari 著、御船淳 ・ 山本毅譯、谷內透監修（阪急 Communications）
- 《鯊魚 從巨型鯊魚到深海鯊魚》石垣幸二、中野秀樹（笠倉出版社）
- 《海中不良分子 探索鯊魚的真相》中野秀樹著、社團法人 日本水產學會監修（成山堂書店）
- 《原色魚類大圖鑑》（北隆館）
- 《不為人知的動物世界 鯊魚夥伴》山口敦子監譯（朝倉書店）
- 《鮫 the SHARKS》谷內透（Diving World 社）
- 《可怕！勇猛！鯊魚大圖鑑 揭開海中王者的祕密》田中 彰監修（PHP 研究所）
- 《The Sharks 如果被鯊魚襲擊》鷲尾紘一郎（水中造形中心）
- 《Sharks (Insiders)》約翰 ・ 繆吉克、麥克 ・ 米倫著、內田至監修（昭文社）
- 《日本產魚類檢索 全種同定 第 3 版》中坊徹次編（東海大學出版會）
- 《日本動物大百科 5 兩棲類 ・ 爬蟲類 ・ 軟骨魚類》日高敏隆監修（平凡社）
- 《FAO SPECIES CATALOGUE－VOL. 4, PART 1 SHARKS OF THE WORLD》

國家圖書館出版品預行編目 (CIP) 資料

美麗獵食者 ： 鯊魚圖鑑 / 田中彰監修 ；
游韻馨翻譯 . 一初版 . 一台中市 ： 晨星，
2018.05 面； 公分 . 一 （台灣自然圖鑑
； 39）
譯自 ： 美しき捕食者 サメ図鑑
ISBN 978-986-443-415-2（平裝）
1. 鯊 2. 動物圖鑑

388.591   107002103

台灣自然圖鑑 039

美麗獵食者：鯊魚圖鑑
美しき捕食者 サメ図鑑

監修	田中 彰
審定	莊守正
翻譯	游韻馨
主編	徐惠雅
執行主編	許裕苗
版面編排	許裕偉

創辦人	陳銘民
發行所	晨星出版有限公司
	台中市 407 工業區三十路 1 號
	TEL：04-23595820　FAX：04-23550581
	E-mail：service@morningstar.com.tw
	http：//www.morningstar.com.tw
	行政院新聞局局版台業字第 2500 號
法律顧問	陳思成律師
初版	西元 2018 年 5 月 6 日
	西元 2020 年 7 月 6 日（二刷）

總經銷	知己圖書股份有限公司
	106 台北市大安區辛亥路一段 30 號 9 樓
	TEL：02-23672044 / 23672047　FAX：02-23635741
	407 台中市西屯區工業 30 路 1 號 1 樓
	TEL：04-23595819　FAX：04-23595493
	E-mail：service@morningstar.com.tw
	網路書店 http://www.morningstar.com.tw
讀者專線	02-23672044
郵政劃撥	15060393（知己圖書股份有限公司）
印刷	上好印刷股份有限公司

定價 590 元
ISBN 978-986-443-415-2

"UTSUKUSHIKI HOSHOKUSHA SAME ZUKAN" supervised by
Sho Tanaka
Copyright © 2016 Jitsugyo no Nihon Sha, Ltd.
All rights reserved.
First published in Japan by Jitsugyo no Nihon Sha, Ltd., Tokyo

This Traditional Chinese edition published by arrangement with
Jitsugyo no Nihon Sha, Ltd., Tokyo in care of Tuttle-Mori Agency,
Inc., Tokyo through Future View Technology Ltd., Taipei.

◆ 讀者回函卡 ◆

以下資料或許太過繁瑣，但卻是我們了解您的唯一途徑，
誠摯期待能與您在下一本書中相逢，讓我們一起從閱讀中尋找樂趣吧！

姓名：＿＿＿＿＿＿＿＿＿＿＿＿＿　性別：□ 男　□ 女　　生日：　　／　　　　／

教育程度：＿＿＿＿＿＿＿＿＿＿＿

職業：□ 學生　　　　□ 教師　　　　□ 內勤職員　　□ 家庭主婦
　　　□ 企業主管　　□ 服務業　　　□ 製造業　　　□ 醫藥護理
　　　□ 軍警　　　　□ 資訊業　　　□ 銷售業務　　□ 其他＿＿＿＿＿＿＿

E-mail：（必填）＿＿＿＿＿＿＿＿＿＿＿＿＿＿＿　聯絡電話：（必填）＿＿＿＿

聯絡地址：（必填）□□□＿＿＿＿＿＿＿＿＿＿＿＿＿＿＿＿＿＿＿＿＿＿＿＿

購買書名：美麗獵食者：鯊魚圖鑑

・誘使您購買此書的原因？

□ 於 ＿＿＿＿＿ 書店尋找新知時　□ 看 ＿＿＿＿＿ 報時瞄到　□ 受海報或文案吸引

□ 翻閱 ＿＿＿＿＿ 雜誌時　□ 親朋好友拍胸脯保證　□ ＿＿＿＿＿ 電台 DJ 熱情推薦

□ 電子報的新書資訊看起來很有趣　□對晨星自然 FB 的分享有興趣　□瀏覽晨星網站時看到的

□ 其他編輯萬萬想不到的過程：＿＿＿＿＿＿＿＿＿＿＿＿＿＿＿＿＿＿＿

・本書中最吸引您的是哪一篇文章或哪一段話呢？＿＿＿＿＿＿＿＿＿＿＿＿＿

・您覺得本書在哪些規劃上需要再加強或是改進呢？

□ 封面設計＿＿＿＿＿　□ 尺寸規格＿＿＿＿＿　□ 版面編排＿＿＿＿＿

□ 字體大小＿＿＿＿＿　□ 內容＿＿＿＿＿　　　□ 文／譯筆＿＿＿＿＿　□ 其他＿＿＿＿

・下列出版品中，哪個題材最能引起您的興趣呢？

台灣自然圖鑑：□植物 □哺乳類 □魚類 □鳥類 □蝴蝶 □昆蟲 □爬蟲類 □其他＿＿＿＿＿

飼養＆觀察：□植物 □哺乳類 □魚類 □鳥類 □蝴蝶 □昆蟲 □爬蟲類 □其他＿＿＿＿＿

台灣地圖：□自然 □昆蟲 □兩棲動物 □地形 □人文 □其他＿＿＿＿＿

自然公園：□自然文學 □環境關懷 □環境議題 □自然觀點 □人物傳記 □其他＿＿＿＿＿

生態館：□植物生態 □動物生態 □生態攝影 □地形景觀 □其他＿＿＿＿＿

台灣原住民文學：□史地 □傳記 □宗教祭典 □文化 □傳說 □音樂 □其他＿＿＿＿＿

自然生活家：□自然風 DIY 手作 □登山 □園藝 □農業 □自然觀察 □其他＿＿＿＿＿

・除上述系列外，您還希望編輯們規畫哪些和自然人文題材有關的書籍呢？＿＿＿＿＿＿＿＿

・您最常到哪個通路購買書籍呢？□博客來 □誠品書店 □金石堂 □其他＿＿＿＿＿＿＿＿

很高興您選擇了晨星出版社，陪伴您一同享受閱讀及學習的樂趣。只要您將此回函郵寄回本社，
我們將不定期提供最新的出版及優惠訊息給您，謝謝！

若行有餘力，也請不吝賜教，好讓我們可以出版更多更好的書！

・其他意見：＿＿＿＿＿＿＿＿＿＿＿＿＿＿＿＿＿＿＿＿＿＿＿＿＿＿＿＿＿＿

晨星出版有限公司 編輯群，感謝您！

晨星出版有限公司　收

地址：407 台中市工業區三十路 1 號
贈書洽詢專線：04-23595820*112　傳真：04-23550581